肉兔
标准化养殖技术

ROUTU BIAOZHUNHUA YANGZHI JISHU

高淑霞　主编

中国科学技术出版社
·北　京·

图书在版编目（CIP）数据

肉兔标准化养殖技术 / 高淑霞主编 . —北京：
中国科学技术出版社，2017.8
ISBN 978-7-5046-7587-3

I. ①肉…　II. ①高…　III. ①肉用兔－饲养管理－
标准化　IV. ① S829.1

中国版本图书馆 CIP 数据核字（2017）第 172722 号

策划编辑	乌日娜
责任编辑	乌日娜
装帧设计	中文天地
责任印制	徐　飞

出　　版	中国科学技术出版社
发　　行	中国科学技术出版社发行部
地　　址	北京市海淀区中关村南大街16号
邮　　编	100081
发行电话	010-62173865
传　　真	010-62173081
网　　址	http://www.cspbooks.com.cn

开　　本	889mm×1194mm　　1/32
字　　数	136千字
印　　张	5.625
版　　次	2017年8月第1版
印　　次	2017年8月第1次印刷
印　　刷	北京威远印刷有限公司
书　　号	ISBN 978-7-5046-7587-3 / S・658
定　　价	20.00元

本书由山东省现代农业产业技术体系
特种经济动物产业创新团队（SDAIT—21）资助

本书编委会

主　编

高淑霞

编著者

杨丽萍　姜文学　张秀玲

孙海涛　白莉雅　王文志

张召坤　薛在军

Contents 目 录

第一章
肉兔饲养环境与设施

一、场址选择

兔场是进行家兔生产的场所，良好的兔场环境对养好肉兔十分重要，场址的选择直接关系到养兔生产的成败。实际生产中要结合当地的自然经济条件，充分考虑地势、风向、水源、交通、电力、周围环境及场地面积等各种因素，进行合理规划布局，创造适合家兔生物学特性的环境条件，最大限度地挖掘家兔的生产潜力，提高经济效益。兔场的选址应考虑以下因素。

（一）地　势

根据家兔喜欢干燥、不耐污浊潮湿的特性，兔场应尽量建在地势较高燥、有适当坡度、地下水位低、排水良好和向阳背风的地方。地势过低、地下水位过高、排水不良的场地，容易造成环境潮湿，使病原微生物特别是真菌、寄生虫（螨虫、球虫等）易于生存繁殖，影响兔群健康；地势过高，特别是在山坡阴面，容易招致寒风侵袭，造成过冷环境，对家兔健康不利。一般要求兔场地势平坦而稍有坡度，坡度以 3% ～ 10% 为宜，地下水位应在 2 米以下，土质要坚实，适宜建造房舍和易于排水的地方。

（二）兔场土壤环境及卫生控制

兔场选址时，应注意场地土壤环境，使兔场的土壤背景值满足畜禽场环境质量标准的要求。在兔场建成使用过程中，避免粪尿、污水在排放、运输过程中的跑、冒、滴、漏，粪便堆场建在兔场内部的，要做好防渗、防漏工作，以免粪污中的镉、砷、铜、铅、铬、锌和各种致病微生物对场区土壤造成污染。兔场土壤环境质量及卫生指标见表 1–1。

表 1–1　畜禽场土壤环境质量及卫生指标

项　目	单　位	缓冲区	场　区	舍　区
镉	毫克 / 千克	0.3	0.3	0.6
砷	毫克 / 千克	30	25	20
铜	毫克 / 千克	50	100	100
铅	毫克 / 千克	250	300	350
铬	毫克 / 千克	250	300	350
锌	毫克 / 千克	200	250	300
细菌总数	万个 / 克	1	5	—
大肠杆菌	克 / 升	2	50	—

资料来源：《NY/T 1667–2006 畜禽场环境质量及卫生控制规范》。

（三）风　向

兔场建设要注意当地的主导风向，我国多数地区夏季多为东南风，冬季多为西北风或东北风，兔舍以坐北朝南较为理想，有利于夏季通风和冬季获得较充足的光照。应注意由于当地环境可能引起的局部空气温差，避开产生空气涡流的山坳和谷地。兔场应位于居民区的下风方向，距离要 200 米以上，以便于兔场卫生防疫，防止兔场有害气体和污水对居民区的污染。

（四）水　源

家兔每日需水量较大，一般季节为采食量的 1.5～2 倍，夏季可达 4 倍以上。此外，还有兔舍、笼具等清洁卫生用水，种植饲料作物浇灌用水及日常生活用水等。要根据供水量确定适宜的养殖规模，一般来说，兔场的供水量以兔群存栏数计，每只存栏兔每日供水量不低于 1 升为宜。兔场水质直接关系到家兔和人员的健康，饲养场所在地区水源要充足，水质条件良好，以保证全场生产、生活用水之需。可选用城市自来水或打井取水。

兔场区域直径 10 千米范围内无低于《GB 3838 地表水环境质量标准》Ⅴ 类水质要求的地表水。场内自行打井要注意离开生产废弃物堆放地 100 米以上，打井深度不低于 50 米，以降低由于粪尿、污水下渗对井水污染的风险。生产和生活用水应清洁无异味，不含过多的杂质、细菌和寄生虫，不含腐败有毒物质，矿物质含量不应过多或不足，应符合农业部《NY 5027–2008 无公害食品　畜禽饮用水水质》的要求，详见表 1–2。

表 1–2　畜禽饮用水水质安全指标

项　目		标准值
感官性状及一般化学指标	色	≤ 30°
	浑浊度	≤ 20°
	臭和味	不得有异臭、异味
	总硬度（以 $CaCO_3$ 计），毫克/升	≤ 1500
	pH 值	5.5～9.0
	溶解性总固体，毫克/升	≤ 4000
	硫酸盐（以 SO_4^{2-} 计），毫克/升	≤ 500
细菌学指标	总大肠菌群，MPN/100 毫升	成年 100，幼畜禽 10

续表 1-2

项　目		标准值
毒理学指标	氟化物（以 F⁻ 计），毫克 / 升	≤ 2.0
	氰化物，毫克 / 升	≤ 0.20
	砷，毫克 / 升	≤ 0.20
	汞，毫克 / 升	≤ 0.01
	铅，毫克 / 升	≤ 0.10
	铬（六价），毫克 / 升	≤ 0.10
	镉，毫克 / 升	≤ 0.05
	硝酸盐（以 N 计），毫克 / 升	≤ 10.0

资料来源：《NY 5027-2008 无公害食品　畜禽饮用水水质》。

（五）电　力

兔场要设在供电方便的地方，便于经济合理地解决全场的照明和生产、生活用电。规模兔场用电设备较多，对电力条件依赖性强，兔场所在地应保证充足的电力供应，有条件的应设自备电源，保证场内供电的稳定性和可靠性。电力安装容量以兔群存栏数计，每只存栏兔不低于 3 瓦，若是自行加工颗粒饲料，应充分考虑粉碎机、颗粒机的用电功率，额外增容。

（六）周围环境

肉兔饲养场所在地区应是无疫区，并尽量远离禁养区。禁养区是指县级以上地方人民政府依法划定的禁止建设养殖场或禁止建设有污染物排放的养殖场的区域。同时，兔场场址要尽量选在交通相对方便而又较为僻静的地方，远离（至少 20 千米）矿山、化工、煤电、造纸等污染严重的企业，5 千米范围内无垃圾填埋场、垃圾处理场、屠宰场、畜产品交易市场等设施；距离主要交通干线和人员来往密集场所 300 米以上。

（七）场地面积

要根据场地面积确定适宜的养殖规模，规模养兔场建筑设施应明确分区，各区之间界限明显，联系方便。各个功能区用防疫隔离带或墙隔开。1只基础母兔及其仔兔按 $1.5\sim2.0$ 米^2 建筑面积计算，1只基础母兔规划占地 $8\sim10$ 米^2。

二、兔场的场区规划和布局

根据兔场养殖规模及防疫要求，应根据具体需要进行科学合理的规划和布局，一般可划分为生活区、行政管理区、附属辅助生产区、生产区、隔离区和无害化处理区。各功能区间界限明显，便于联系，并用防疫隔离带或墙隔开。生活和管理区位于上风向和地势较高的地段，隔离区和无害化处理区建在下风向和地势较低处。

（一）生 活 区

生活区是职工生活和休息的场所，应相对独立，建在兔场主风向的上方。

（二）行政管理区

行政管理区主要包括办公室、会议室和接待室，同时应建设具有缓冲作用的兽医室和更衣室。工作人员和管理人员需经过更衣、消毒后方可进入生产区。

（三）附属辅助生产区

附属辅助生产区属于饲料存贮和加工场所，饲料经专门的通道运送到生产区。

（四）生 产 区

按照各个生产环节的需要，在生产区合理划分出不同的功能区。按兔场的主风向由上到下可依次建设繁殖区、断奶幼兔饲养区、后备兔饲养区和商品兔饲养区，同时应修建净道和污道。区域的划分及道路的修建要便于人员工作以及兔只、物料及污物的转运。不同功能区和兔舍的工作人员及工具等应相对稳定，禁止人员相互串区串舍，禁止工具混用。

（五）隔 离 区

用于引进种兔的隔离观察和病兔的隔离治疗。

（六）无害化处理区

无害化处理区位于兔场的下风向，是用于处理粪尿、病死兔和其他污物的场所。

兔场应有与外界连通的专用道路，规模化兔场内主干道宽5.5～6.0米，支干道宽2～3米。场内道路净道和污道分开，各行其道，不形成交叉，隔离区有单独的道路，道路坚实，排水良好。

三、兔舍环境

环境因素是指所有作用于家兔机体的外界因素的统称，包括温度、湿度、光照、有害气体、噪声及卫生条件等。进行肉兔的标准化生产，首先要考虑不同类型家兔的生理特点，根据各地不同气候条件，通过不同的兔舍建筑，创造适宜的内部环境，满足家兔的生理需求，提高家兔的生产效率和养殖经济效益。

（一）温 度

家兔是恒温动物，体温为38.5℃～39℃，但受环境温度的影响较大。通常夏季高于冬季，中午高于夜间。家兔的汗腺不发达，全身覆盖被毛，体表皮肤散热能力很差。夏季高温高湿条件下，当兔舍内气温达到35℃、空气相对湿度80%以上时，家兔散热困难，严重危及家兔的健康和生存。试验证明，成年家兔在气温35℃～37℃的干燥、通风良好的恒温箱中能生存数周，但在相同温度而湿度较大的恒温箱中，家兔仅能存活1～2天。而小兔特别怕冷，尤其是初生仔兔，因体小单薄，皮肤裸露，被毛短而稀少，无御寒能力，受到低温寒冷的侵袭，很容易引起体温下降，当体温下降到20℃以下时可能死亡。1月龄内的仔兔，虽然已全身长出被毛，但体温调节功能尚未发育完善，对环境温度的变化适应力很差，难于保持机体与环境的热平衡，御寒能力很弱，仍然容易受冻。各日龄家兔最适环境温度见表1-3。

表1-3　各日龄家兔最适环境温度

日　　龄	1	5	10	20～30	45	60以上	成　　年
环境温度（℃）	35	30	25～30	20～30	18～30	18～24	15～25

针对成年兔怕热、仔兔怕冷的生理特点，在设计和建造兔舍时，应认真考虑不同日龄家兔对环境温度的要求。上表所列温度范围，在实际生产中很难达到，也不符合低碳节能原则。生产上可根据家兔的不同生理阶段分类管理，以降低能耗，最大限度地发挥家兔的生产潜能。一般来说，只要兔舍温度保持在5℃～30℃，通过加强管理，做好产仔箱的保温和仔兔护理工作，均可进行正常生产。

（二）湿　度

空气湿度的变化对家兔生产有一定的影响，家兔适宜的空气相对湿度为60%～65%。由于家兔主要靠蒸发作用散发体热，当温度高时，若湿度过大，家兔的蒸发散热量减少，机体散热更为困难。温度低时，若湿度过高，会加快家兔体热的散失，不利保温。无论温度高低，高湿度都对体热调节不利，而低湿则可减轻高温和低温的不良作用。

高温高湿环境有利于病原微生物和寄生虫的滋生，使家兔易患球虫病、疥癣病、霉菌病和湿疹等，还易使饲料发霉而引起霉菌毒素中毒；低温高湿环境，家兔易患各种呼吸道疾病（感冒、鼻炎、气管炎）、风湿病及消化道疾病等，特别是幼兔易患腹泻。如果空气湿度过低，过于干燥，则易使黏膜干裂，降低兔对病原微生物的防御能力。

（三）通　风

首先要求饲养场所在地区环境空气质量应符合 GB 3095-2012《环境空气质量标准》中二级标准的要求，而兔舍通风的好坏直接影响兔舍的环境卫生和家兔的生长。兔舍中由于家兔的呼吸和粪尿的分解，存在二氧化碳、氨气、硫化氢等有害气体，还有灰尘和水汽，这些都对家兔的生长不利。通风可以引进新鲜空气，排除兔舍内污浊空气、灰尘和过多的水汽，调节温度，防止湿度过高。通风量的大小和风速的高低应通过兔舍的科学设计（如门窗的大小和结构、建筑部件的密闭情况等）和通风设施的配置来控制。兔舍通风分为自然通风和机械通风。

1. 自然通风　在我国南方地区，多采用自然通风法。舍内通风主要靠加大窗户面积，建造开放式室外兔舍进行自然通风，或通过门窗、洞口等，利用热压差形成下进上排的流向，经屋顶天窗或排气孔排风。采用下进上排的通风方式，要求进风口的位置要低，排风口的位置要高，进风口的面积越大，通风量也越大。一般要求进风口的面积为地面面积的 3%～5%，排风口的面积为地面面积的 2%～3%，排风口应设置在兔舍背风面或屋脊。由于自然通风易受气候、天气等因素的制约，单靠自然通风往往不能保证兔舍经常的通风换气，尤其在炎热的夏天和寒冷的冬天，常常需要辅以机械通风。

2. 机械通风　适用于密闭程度较高的规模化室内兔舍，有 3 种方式。

（1）**负压通风**　利用风机抽出舍内空气，造成舍外空气流入。多用于兔舍跨度小于 10 米的建筑物。成本较低，安装简便，在生产中应用普遍。由于负压通风抽出的是兔舍内局部空气，要求风机在兔舍内分布均匀。

（2）**正压通风**　利用风机将空气强制送入兔舍，使舍内气压高于舍外，兔舍内污浊空气、水汽等在压力作用下经排出孔逸出。正压通风在向兔舍内送风时可以对空气进行预热、冷却或过滤，能够很好地控制兔舍内空气质量，但费用较高，同样要求风机在兔舍内均匀分布。

（3）**联合通风**　在兔舍内同时使用风机进行送风和排风，用于密闭式兔舍，可以完全控制兔舍内的温度、湿度及空气质量。兔舍内每 20 米^2 左右可设置 1 个送风口、2～4 个排风口，要求送风口在兔舍上方中间均匀分布，排风口在兔舍下方四周均匀分布，兔舍内风速控制在 0.1～0.2 米/秒，每小时换气 10～20 次。

（四）光　照

家兔对光照的反应远没有对温度及有害气体敏感。虽然光照对生长兔的日增重和饲料报酬影响较小，但对家兔的繁殖性能影响较大。繁殖母兔每天光照 14～16 小时，可获得最佳的繁殖效果，而长时间光照对公兔危害较大，每天光照超过 16 小时，可能导致公兔睾丸体积缩小，重量减轻，精子数量减少。要求公兔每天光照时间 8～12 小时为宜。全密闭兔舍需要完全采用人工光照，可用相当于 40 瓦白炽灯的日光灯、节能灯等，一般要求每平方米兔舍面积 1.5～2.0 瓦。开放式和半开放式兔舍使用自然光照，应根据天气、季节变化及时增减人工光照时间，短日照季节人工补充光照，一般光照时间为明暗各 12 小时，或明 13 小时、暗 11 小时。

（五）噪　声

由于家兔胆小怕惊，听觉比较灵敏，对外界环境的应激反应敏感，一旦受到惊吓，便神经紧张，食欲减退，甚至表现"惊场""炸群"，在笼内惊叫乱窜，以致造成妊娠母兔流产、难产或死胎，哺乳母兔泌乳力下降，拒绝哺乳，严重时会咬死初生仔兔等不良后果。噪声对家兔的危害较大，突然的高强噪声可引起家兔消化系统紊乱，甚至导致家兔猝死，降低仔兔成活率。在修建兔舍时一定要远离高噪音区，如公路、铁路、工矿企业等，同时要尽量避免猫、狗等的侵扰，保持兔舍安静。一般要求兔舍噪声不超过85分贝。实际生产中可采取在兔舍内播放轻音乐、兔舍周围拴养犬只的方式，使兔群逐步适应周围环境，降低噪声等应激因素的危害。

四、兔舍建筑与配套设施

进行标准化肉兔生产，必须配备合理的兔舍建筑和适用的配套设施。

（一）兔舍建筑

1. 建筑要求　根据各地气候条件的差异，饲养目的的不同，应建造不同的兔舍。

（1）最大限度地适应家兔的生物学特性　家兔有啮齿行为，喜干燥，怕热耐寒，所建兔舍要有防暑、防寒、防雨、防潮、防污染及防鼠害"六防"设施。兔舍方向应朝南或东南，室内光线不要太强。兔舍屋顶必须隔热性能良好。笼门的边框、笼底及产仔箱的边缘等凡是能被家兔啮到的地方都必须采取加固措施，选用合适的耐啮咬材料。窗户要尽量宽大，便于通风采光，同时要有纱窗等设施，防止野兽及猫、狗等的入侵。地面应坚实平整、防潮保温，地基要高出舍外地面20厘米以上，防止雨水倒流。

（2）**满足生产流程需要，提高劳动效率**　家兔的生产流程因生产类型、饲养目的的不同而异。兔舍设计应满足相应的生产流程需要，避免生产流程中各环节在设计上的脱节。各种类型兔舍、兔笼的结构、数量要配套合理，1个种兔笼位需配备3～4个商品兔笼位。兔笼一般设置1～3层，避免过高而影响饲养人员的操作。

（3）**综合考虑各种因素，力求经济适用**　设计兔舍时，要综合考虑饲养规模、饲养目的、饲养品种、投资规模等因素，因地制宜、因陋就简，不要盲目追求兔舍的现代化，注重整体的合理适用。应结合生产经营的发展规划进行设计，为今后发展留有余地。

2. 建筑类型　可根据不同的气候特点及投资条件采用全封闭式、室内开放式、半敞开式和室外简易兔舍。

（1）**全封闭式兔舍**　全封闭式兔舍是一种现代化、工厂化商品肉兔生产用舍，世界上少数养兔业发达国家有所应用。目前，应用全封闭式兔舍的多为国内一些教学、科研单位及清洁级和无特定病原（SPF）实验兔生产单位，一般规模较小，部分生产企业已开始建设并采用此类兔舍。这类兔舍门窗密闭，舍内通风、光照、温湿度等全部自动或人工控制，杜绝了病原菌的传播，可保证全年均衡生产。

全封闭式兔舍投资较大，相关配套设施设备运行成本相对较高，在目前我国国情和家兔生产特点下，不宜盲目推广。

（2）**室内开放式兔舍**　室内开放式兔舍是目前我国进行肉兔标准化生产的主流兔舍。其四周有墙，设有便于通风采光的宽大窗户，室内跨度一般不要超过8米，可根据跨度排列1～4列兔笼。此类兔舍饲养管理较为方便，劳动效率高，且便于自动饮水、同期发情、人工授精等技术的应用。同时，由于兔舍南北有窗，并可设置地窗和天窗，便于调节室内外温差和通风换气，能有效防止风雨袭击和兽害，提高仔、幼兔成活率。如果设计不合理，如高度过低（低于2.5米），跨度过大（超过10米），或窗户面积过小，缺乏良好的通风换气设施，当饲养密度过大、管理不善时，室内有害气体浓度较高，湿度较大，呼吸道疾病和真菌病发病率较高，特别是秋末到早春季节尤为突出。需要安装纵向通风设施，每天定时通风换气。

室内开放式兔舍尤其适于我国北方地区使用，在寒冷的冬季有利于供暖保温，母兔可以正常繁殖。

（3）**半敞开式兔舍**　半敞开式兔舍一般为一面无墙或两面无墙，采用水泥预制或砖混结构的兔笼，若两面无墙，则兔笼的后壁就相当于兔舍的墙壁。此类兔舍有单列式与双列式两种，兔舍跨度小，单位兔舍面积放置的笼位数量多，结构简单而造价低廉，具有通风良好、管理方便等优点，因舍内无粪沟而臭味较少，适于我国大部分地区使用。但冬季不易保温且兽害严重。可以采用北面垒墙、南面建1米高的半截墙，每隔2米在墙与屋顶间加一立柱，夏季在柱子之间安装纱窗防蚊蝇进入，冬季钉厚塑料布以保温。

（4）**室外简易兔舍**　在室外空地用水泥预制三层兔笼，采用单列式或双列式建造形式。单列式兔笼正面朝南，兔笼后壁作为北墙，单坡式屋顶，前高后低。双列式兔笼中间为工作通道，通道两侧为相向的两列兔笼，兔笼的后壁作为兔舍的南北墙。室外兔舍地基要高，顶部可用盖瓦或水泥板等，笼顶前檐需伸出50厘米，后檐需伸出20厘米，以防风雨侵袭。为了防暑，兔舍顶部要升高10厘米左右，以便通风，最好前后有树木遮阴或搭设凉棚，冬季可悬挂草苫保温。这类兔舍结构简单，造价低廉，通风良好，管理方便。在我国大部分地区均有使用，北方地区冬季繁殖比较困难，一般可配备专门的仔兔保育舍解决这一问题。

3. 兔舍构造

（1）**墙体**　墙体是兔舍结构的主要部分，它既保证舍内必要的温度、湿度，又通过窗户等保证合适的通风和光照。根据各地的气候条件和兔舍的环境要求，可采用不同厚度的墙体。建筑材料可用砖、石、保温彩钢板等。

（2）**屋顶**　屋顶不仅用来遮挡雨、雪和太阳辐射，在冬冷夏热地区更应考虑隔热问题，可在屋顶设置通风间层，或选用保温材料，以利防暑降温。寒冷积雪和多雨地区，要注意加大屋顶坡度，高跨比（H/L）应为 1/5～1/2（H 为屋顶高度，L 为兔舍跨度），以防积雪压垮屋顶。

（3）**门窗** 兔舍的门既要便于人员行走和运输车通行，又要保温、牢固，能防兽害。门的宽度一般为 1.2～1.4 米，高度不低于 2 米。窗户要尽量宽大，便于采光、通风。

（4）**地面** 兔舍地面要求平整无缝，能抗消毒剂的腐蚀。如果设有粪沟，应做好水泥固化，以防渗、防漏、防溢流，坡度以 1%～1.5% 为宜。

（二）笼具及附属设施

进行肉兔标准化生产必备的设备有兔笼、饮水器、料槽、产仔箱等，这些设备的设计制造是否合理适用，直接影响家兔的健康和生产的经济效益。

1. 笼具 家兔的全部生活过程包括采食、排泄、运动和繁殖等活动都在笼内进行，生产管理上要求兔笼排列整齐合理，方便日常管理。为便于操作管理和维修，兔笼总高度应控制在 2 米以下，笼底板与承粪板之间的距离前面为 15～18 厘米，后面为 20～25 厘米，底层兔笼与地面之间的距离为 30～35 厘米，以利于清洁、管理和通风、防潮。兔笼的建造必须符合家兔的生理特点和生产要求。

（1）**兔笼** 规模养殖场的室内兔舍一般采用金属制 2～3 层立式（或阶梯式）兔笼，单个笼位宽 70 厘米左右、深 60 厘米左右、高 45 厘米左右。室外兔舍多采用水泥预制 2～3 层立式兔笼，兔笼的顶面、侧面和背面使用水泥预制板，笼门采用金属丝材质，要求开启方便，能够防御野兽侵害，尽量做到能够不开门进行喂食、饮水，便于操作。

（2）**笼底板** 是组成兔笼的最重要部分，要求平整、牢固。若制作不标准，如间距过大、表面有毛刺，极易造成家兔骨折和脚皮炎的发生。金属笼可以直接采用金属笼底板，也可以铺垫竹制笼底板或硬质防啃咬塑料笼底板。竹制笼底板最好用光滑的竹片制作，每片宽2厘米左右，竹片间距1～1.2厘米，长度与笼的深度相当，要设计成可拆卸的活动底板，便于随时取出洗刷消毒。竹底板在第一次使用前，一定要用火烧一下，以便去除表面的毛刺并消毒。

（3）承粪板　安装在笼底板下方，承接家兔的粪尿。室外兔舍多采用水泥板，水泥预制笼下层兔笼的顶板即可作为上层兔笼的承粪板。室内兔舍多采用玻璃钢板等制成，要求平整光滑，不透水，不积粪尿，安装时前面应突出笼外3～5厘米，并伸出后壁5～10厘米，由兔笼前方向后壁下方倾斜，角度15°左右，防止上层粪尿流到下层，使粪尿经板面直接流入粪沟或输送带，便于粪尿清理。

2. 料盒　标准化肉兔生产所用料盒一般用镀锌铁皮或硬质聚乙烯塑料制成，与兔笼配套安置在兔笼壁上或兔笼内，要求结实、牢固，便于清洗和消毒，塑料制成的料盒，其边缘应包敷铁皮，以防啃咬。

3. 饮水器　一般使用乳头式自动饮水器，在兔笼上方0.5～1米高度设置一蓄水箱，可以调节饮水器的水压和便于在饮水中添加药物。这种饮水器不占用笼内位置，可供家兔自由饮水，既防污染又节约用水，还可防止冬季因水温过低引起家兔肠胃不适。需要注意的是，水箱及连接饮水器的管线应定期消毒，每天检查饮水器是否堵塞或滴漏。

4. 产仔箱　是母兔产仔、哺乳的场所，通常在母兔产仔前2～3天放入笼内或悬挂在笼门外。内置式产仔箱，多用1厘米厚的木板钉成长40厘米、宽26厘米、高13厘米的敞口木箱，也可用硬质防啃咬塑料板制成，箱底有粗糙的锯纹，并留有缝隙和小孔，使仔兔不易滑倒和便于排除尿液、方便清洗。外置式产仔箱多用镀锌铁皮或木板制作，适用于室内金属兔笼，悬挂于兔笼的前壁笼门上，在与兔笼接触的一侧留有一个大小适中、可开启关闭的圆形进出口，方便母兔进出产仔箱，产仔箱上方加盖一活动盖板，便于饲养人员观察、护理仔兔。

（三）自动化养殖设施

随着养兔业规模化、集约化的发展，养殖设施在自动化、智能化方面也取得了长足的发展。自动化养殖设施的采用，一方面，可提高劳动效率，减少劳动支出，而且可将饲养人员从繁重的重复劳动中解放出来，使他们有更多的时间和精力做好配种、护理和防疫等工作；另一方面，可为家兔提供一个适宜的生存条件，为从业人员提供一个良好的工作环境。

1. 自动化喂料设施 自动化喂料设施一般用于室内兔舍，根据喂料方式的不同可分为两种：一种是输送式喂料设施，一种是自走式喂料设施。

（1）**输送式喂料设施** 兔舍外设有储料塔，通过主管道将饲料输送到各个兔舍，进入兔舍后，一种方式是管道送料，通过兔舍内分管道将饲料输送到各个料位，料位处可以设置感应探头，根据设定料量自动控制供料量；另一种方式是输送带送料，每层兔笼一端设有储料箱，储料箱设一可调的出料口，饲料由设于兔笼外侧的输送带纵向均匀输送，每个兔笼设有采食口，便于兔子采食输送带上的饲料，通过调整储料箱出料口的大小，控制供料量。

（2）**自走式喂料设施** 自走式喂料设施分为上料机和喂料机两部分。上料机将饲料提升投放至喂料机储料斗。喂料机类似于机器人，设有一电脑控制面板，可设置投料时间、投料量和行走速度等。喂料机横跨兔笼两侧，对应两侧各层料盒设有出料口，自动沿轨道行走，每走到一个料位，停下来对两侧各层料盒定量投料，投料完毕，再走到下一个料位投料，依次完成投料。

计划使用自动化喂料设施的兔场，所用兔笼及附属设施都应该与之配套，进行一体化设计，以保证设施的顺畅运行。同时，自动化喂料设施也对颗粒饲料的硬度、长度有一定的要求，避免输送、投料过程中颗粒饲料粉末化。

2. 自动化清粪设施 目前新建或改造的室内兔舍多采用刮粪板

或输送带自动清粪，两者都属于干清粪方式。

（1）**刮粪板清粪方式** 兔舍建设时应同时在地面建造粪沟。粪沟宽度应根据兔笼的跨度及两侧底层兔笼承粪板之间的距离设置，深度应根据一排兔笼所饲养兔子的大致排粪量设置。建造粪沟时，应保证地面和侧面的平整，以保证刮粪版的正常运行和良好的清粪效果。同时，应做好粪沟的固化工作，以防粪污渗漏和溢流，减少对周边环境的污染。

（2）**输送带清粪方式** 不需要对兔舍地面进行处理，保证地面平整无缝、便于清洁消毒即可。输送带的宽度应宽于两侧底层兔笼承粪板的距离，以保证由承粪板滑落的粪尿全部落到输送带上。对于多排兔笼的兔舍，可以在纵向输送带末端增加一横向输送带，以便将各排输送带清理的粪污集中输送至兔舍外。在输送带末端可增加一喷淋管，对输送带进行喷淋清洁。输送带的运行时间及运行次数可以根据需要进行设置。

3. 自动化环境控制设施 自动化环境控制设施适用于密闭兔舍。在安装通风、降温、供暖等设施的基础上，增设传感器和控制器。传感器用以采集兔舍内的温度、湿度、二氧化碳、光照强度、氨气、粉尘等环境数据信息，在控制器中预先设定各环境要素的参数。控制器对传感器传回的数据信息进行比对分析，若某环境要素的数据信息超出设定的参数范围，则自动启动相应的设施设备（如通风、降温、供暖和光照等），实现兔舍环境控制的自动化。也可以根据实际需要，通过电脑、手机对各设施设备的开启和关闭进行远程控制。同时，可通过高清摄像头进行实时监控，以便及时了解兔舍内兔子的状况及各设施设备的运行状态等。

五、粪污处理

兔场的粪污处理应符合《NY/T 1168-2006 畜禽粪便无害化处理技术规范》的规定，必须配置建设粪污处理设施或粪污处理场，设在生产区和生活管理区的常年主导风向的下风向或侧风处，与主要生产设施之间保持100米以上的距离。

在收集、运输、堆放粪便的过程中应采取防扬散、防流失、防渗漏等防止污染环境的措施，做到雨污分离、干湿分离。并对收集的粪污实行无害化处理和资源化利用，禁止未经处理的粪尿直接施入农田。适用于对兔粪进行无害化处理和资源化利用的主要方法如下。

（一）堆积发酵

将清理收集的兔粪集中堆积到专门的场地，达到一定的量后，将其整理堆放成条垛，表面抹平，使其封闭。利用其中微生物的大量繁殖对兔粪中的有机物进行高温发酵，自然腐熟。堆积场地应排水良好，防止雨水浸泡。这种方式适用于各兔场对兔粪进行就地处理。堆积发酵过程须保持发酵温度45℃以上的时间不少于14天，当地气候条件将直接影响堆积发酵时间的长短。腐熟后用作肥料直接施入农田。

（二）槽式发酵

槽式发酵属于好氧发酵，利用兔粪中的自然微生物或接种微生物，结合翻抛机的机械翻堆补充氧气，使粪便完全腐熟并将有机物转化为有机质、二氧化碳与水。一般将发酵槽建于大棚内，在平整的水泥地面上垒1米多高的水泥墙，墙的顶面铺设翻抛机运行轨道，墙高和墙间距应根据翻抛机的工作空间（宽度和深度）设计。这种处理方式占用场地面积大，机械化程度高，适用于养殖密集区域兔粪的集中批量化处理。

槽式发酵需要对发酵原料的水分、碳氮比和发酵过程的温度、供氧等进行有效控制。采取干清粪方式收集的兔粪，水分在50%左右，处于发酵适宜水分含量范围（45%～55%）。微生物利用有机质碳氮比（C/N）为20～30∶1，兔粪原料的碳氮比为25∶1左右，属于最佳比例。所以，一般的兔粪原料不需要额外添加辅料来调整水分和碳氮比，可单独进行发酵。

发酵过程中，机械翻抛可同时起到温度控制和供氧的作用。应根据发酵时间和粪堆内部温度调整翻抛次数和时间。在发酵初期和低温天气，应减少翻抛次数和时间，以保持内部发酵温度和速度；在发酵中期和高温天气，应增加翻抛次数和时间，控制发酵温度、及时供氧，以防止温度过高影响微生物发酵和兔粪营养物质消耗，保证物料正常腐熟。一般须保持发酵温度50℃以上的时间不少于7天，或发酵温度45℃以上的时间不少于14天。

采用这种方式处理兔粪，最终产品有一种特殊的发酵味道，无臭味，而且较干燥，一般成品含水量控制在30%以下，可制成粉状或颗状粒，容易包装，方便运输和施用，是一种具有高附加值的有机肥料。可作为蔬菜、果树、花卉等的肥料，用于大田农作物施肥可对土壤起到改良作用。

（三）沼气池发酵

可根据兔场规模设计建设沼气池，利用沼气发酵工艺处理兔粪尿及污水，产生的沼气可用于做饭、取暖、照明等；沼渣可以晒制成沼渣肥，作为农田肥料使用；沼液可直接进行浇灌施肥。

兔场沼气池的建设和使用，一方面应考虑周边农田对沼液、沼渣的消纳能力；另一方面，虽然沼液可直接进行浇灌施肥，但沼渣需要二次处理，将额外增加场地、人工、设施等，处理不好还会造成二次环境污染。所以，建议兔场沼气池主要用于粪尿混合物及污水的处理，不建议将干清粪收集的兔粪全部用于沼气池发酵。

兔粪经堆积发酵或槽式发酵处理后，须达到表1–4的卫生要求；兔尿及污水经过沼气发酵等技术进行无害化处理后，上清液和沉淀物须达到表1–5的卫生学要求，方可进行农业综合利用。

表1-4 粪便堆肥无害化处理卫生学指标

项　目	卫生指标
蛔虫卵	死亡率≥95%
粪大肠菌群数	≤ 10^5 个 / 千克
苍　蝇	有效控制苍蝇孳生，堆体周围没有活的蛆、蛹或新羽化的成蝇

表1-5 液态粪便厌氧无害化处理卫生学指标

项　目	卫生指标
寄生虫卵	死亡率≥95%
血吸虫卵	在使用的液体中不得检出活的血吸虫卵
粪大肠菌群数	常温沼气发酵≤ 10^4 个 / 升，高温沼气发酵≤ 100 个 / 升
蚊子、苍蝇	有效控制蚊蝇孳生，液体中无孑孓，池周围无活的蛆、蛹或新羽化的成蝇
沼气池粪渣	达到表1-4的要求方可用作农肥

注：摘自《NY / T 1168-2006 畜禽粪便无害化处理技术规范》。

第二章
适合标准化生产的肉兔品种（系）

一、品　种

（一）新西兰白兔

新西兰白兔属典型的中型肉兔品种，是目前世界上分布最广的肉兔品种之一。理想成年体重，公兔为 4.5 千克，母兔 5.0 千克；允许范围，公兔 4.1～4.5 千克，母兔为 4.5～5.5 千克。被毛全白，毛稍长，手感柔软，回弹性差。眼球粉红色。头粗重，嘴钝圆，额宽。两耳中等长，宽厚，略向前倾或直立；耳毛较丰厚，血管不清晰。颈短，颈肩结合良好；公兔颌下无肉髯，母兔有较小的肉髯。体躯圆筒形，胸部宽深，背部宽平，腰肋部肌肉丰满，后躯发达，臀部宽圆，四肢强健而稍短。公兔睾丸发育良好，母兔有效乳头 4～5 对（图 2-1）。

早期生长发育快、饲料报酬高、屠宰率高。据测定，在消化能为 12.20 兆焦 / 千克、粗蛋白质 18.0%、粗纤维 11.0%、钙 1.2%、磷 0.7%、含硫氨基酸 0.7% 的营养水平下，12 周

图 2-1　新西兰白兔

龄体重可达 2 747.58 ± 287.79 克，平均日增重 37.83 ± 1.80 克，料重比（3.15 ± 0.49）:1，全净膛屠宰率 53.52% ± 0.59%。

性成熟为 4 月龄左右，适宜初配年龄 5～6 月龄，初配体重 3.0 千克以上。妊娠期为 30.92 ± 0.67 天，窝均产仔 7.25 ± 1.14 只，仔兔初生窝重 448.58 ± 75.46 克，初生个体重 61.87 克，21 日龄窝重 2 160 ± 361.25 克，28 日龄断奶窝重 3 640 克，断奶个体重 590 克。

新西兰白兔是工厂化、规模化商品肉兔生产较为理想的品种，既可纯种繁育，亦可与加利福尼亚兔、日本大耳兔、比利时兔和青紫蓝兔等品种杂交，利用杂种优势进行商品生产。

（二）加利福尼亚兔

加利福尼亚兔属中等体型，全世界饲养量仅次于新西兰白兔。理想的成年体重和允许范围，公兔为 3.6～4.5 千克，母兔为 3.9～4.8 千克。毛色为喜马拉雅兔的白化类型。体躯被毛白色，耳、鼻端、四肢及尾部为黑褐色或灰色，故俗称"八点黑""八端黑"。眼球粉红色。头短额宽，嘴钝圆。耳中等长，上尖下宽，多呈"V"形上举；耳壳偏厚，绒毛厚密。颈短粗，颈肩结合良好。公兔无肉髯，母兔有较明显的肉髯。体躯呈圆筒形。胸部、肩部和后躯发育良好，肌肉丰满。四肢强壮有力，脚底毛粗、浓密、耐磨。公兔睾丸发育良好，母兔有效乳头 4～5 对（图 2-2）。

"八点黑"特征随年龄、季节、饲养水平、兔舍类型和个体的变化而变化。幼兔、老龄兔和夏季、室外饲养、营养水平较低时，"八点黑"较淡，老龄兔还会出现沙环、沙斑及颌下肉髯呈灰色现象。有的仔兔全身被毛的毛尖呈灰色，至

图 2-2 加利福尼亚兔

3月龄左右才逐渐换为纯白色。

早期生长发育较快。据测定，在消化能为 12.20 兆焦 / 千克、粗蛋白质 18.0%、粗纤维 11.0%、钙 1.2%、磷 0.7%、含硫氨基酸 0.7% 的营养水平下，12 周龄体重可达 2 559.2 ± 186.29 克，平均日增重 32.59 ± 2.28 克，料重比（3.57 ± 0.26）：1，全净膛屠宰率 52.65% ± 1.56%。

母性好，繁殖力强，尤以泌乳能力最为突出，同窝仔兔生长发育整齐，享有"保姆兔"之美称。妊娠期为 30.83 ± 0.72 天，窝均产仔 7.38 ± 1.18 只，仔兔初生窝重 419.2 ± 56.98 克，初生个体重 56.8 ± 2.3 克，21 日龄窝重 2 350.0 ± 268.0 克，28 日龄断奶窝重 3 756 克，断奶个体重 559.20 ± 89.23 克。

加利福尼亚兔是工厂化、规模化生产较为理想的品种之一。在商品生产中，既可作为杂交父本，也可作为杂交母本。

（三）青紫蓝兔

青紫蓝兔分为标准型（小型）、美国型（中型）和巨型三个类型。标准型体型较小，体质结实紧凑，耳短竖立，成年公兔体重 2.5～3.4 千克，母兔 2.7～3.6 千克；美国型体长中等，腰臀丰满，体质结实，成年公兔体重 4.1～5.0 千克，母兔 4.5～5.4 千克，繁殖性能较好；巨型体型大，肌肉丰满，耳长，有的一耳竖立，一耳下垂，有较发达的肉髯，成年体重公兔 5.4～6.8 千克，母兔 5.9～7.3 千克。

三种类型虽体重等有别，但毛色基本相似，易与其他品种区别。被毛总体为灰蓝色，夹有全黑和全白的粗毛，单根毛纤维由基部向毛尖依次为深灰色—乳白色—珠灰色—雪白色—黑色五种颜色，耳尖和耳背面为黑色，眼圈、尾底和腹下为灰白色。标准型毛色较深，有黑白相间的波浪纹；中型和巨型毛色较淡且无黑白相间的波浪纹。头大小适中，颜面较长，嘴钝圆，眼圆大，呈茶褐色或蓝色。四肢较为粗壮（图2-3）。

目前，我国饲养的多为标准型和美国型以及二者的杂交种，因缺乏严格系统的选育，品种大多已严重退化，生长速度与其他品种相比，有较大的差距，3月龄体重仅1.5～2.0千克，需加强选育。

图2-3 青紫蓝兔　　　　　　图2-4 比利时兔

（四）比利时兔

比利时兔属大型肉兔品种。成年体重4.5～6.5千克，最高可达9.0千克。其外貌特征很像野兔，被毛深红带黄褐或红褐色，整根毛的两短色深，中间色浅，而且质地坚硬，紧贴体表。耳长而直立，耳尖部带有光亮的黑色毛边。体躯和四肢较长，体躯离地面较高，善跳跃，被誉为兔中的"竞走马"。

比利时兔是一比较典型的兼用品种，兼有育成品种和地方品种二者的优点，既有较强的适应性、耐粗性和抗病力；同时，繁殖力较高，生长速度也较快，深受广大养兔者的青睐，目前已成为我国分布面最广、饲养量最多的肉兔品种之一。据测定，在良好的饲养管理条件下，窝均产仔8只左右，3月龄体重可达2.5千克。

由于该品种世代繁衍于家庭养殖条件下，缺乏严格的选种选配措施，退化现象较严重，有待选育。

（五）日本大耳兔

日本大耳兔属中型肉兔品种。成年体重 4.0～5.0 千克。被毛纯白。头型清秀。耳大、薄，柳叶状，向后方竖立，血管清晰；耳根细，耳端尖，形同柳叶。眼球红色。公兔颌下无肉髯，母兔肉髯发达（图2-5）。

图2-5　日本大耳兔

引入时间较早，对我国气候和饲料条件有良好的适应性。生长发育较快，3 月龄体重可达 2.0～2.3 千克。繁殖力较强，窝均产活仔 7 只。母性好，泌乳力强，亦有"保姆兔"美称，适合作为商品生产中杂交用母本。主要缺点是骨架较大，体型欠丰满，屠宰率较低。

二、配　套　系

（一）伊拉（HYLA）配套系

伊拉（HYLA）配套系是法国欧洲兔业公司（EUROLAP）在 20世纪 70 年代末育成的肉兔配套系，由 A、B、C、D 4 个专门化品系组成。山东绿洲兔业公司和青岛康大欧洲兔业育种有限公司分别于2000 年和 2009 年从法国引进。

杂交生产模式见图 2-6。由祖代 A 系公兔（GPA）与 B 系母兔（GPB）杂交生产父母代公兔（PAB♂），祖代 C 系公兔（GPC）与 D 系母兔（GPD）杂交生产父母代母兔（PCD♀），父母代公兔（PAB♂）与母兔（PCD♀）交配生产商品代肉兔（ABCD）。

祖代 A 系公兔（GPA）：除耳、鼻、肢端和尾是黑色外，全身白色，成年体重 5.0 千克。

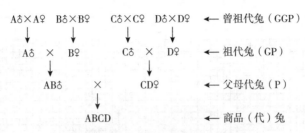

图 2-6 HYLA 肉兔配套系杂交模式

注：A、B、C、D 分别代表 HYLA 肉兔配套系的 4 个不同品系，♂、♀分别代表公兔、母兔。

祖代 B 系母兔（GPB）：除耳、鼻、肢端和尾是黑色外，全身白色，成年体重 4.3 千克。

祖代 C 系公兔（GPC）：全身白色，成年体重 4.5 千克。

祖代 D 系母兔（GPD）：全身白色，成年体重 4.5 千克。

父母代：公兔（PAB♂）成年体重 5.4 千克，母兔（PCD♀）成年体重 4.0 千克，胎平均产仔数 8.9 只（图 2-7）。

商品兔（ABCD）：32～35 日龄断奶重 820 克，70 日龄体重 2.47千克，饲料转化率（2.7～2.9）：1，半净膛屠宰率 58%～59%（图2-8）。

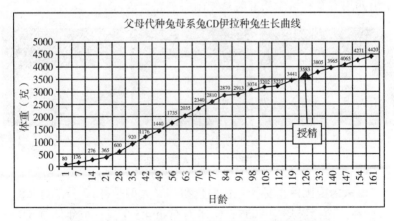

图 2-7 HYLA 肉兔配套系父母代 CD♀生长发育图

注：该图由青岛康大欧洲兔业育种有限公司提供。

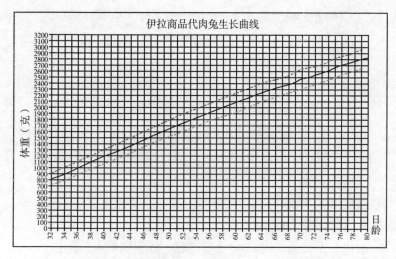

图 2-8　HYLA 肉兔配套系商品代肉兔生长发育曲线图

注：该图由青岛康大欧洲兔业育种有限公司提供。

（二）齐卡（ZIKA）配套系

齐卡（ZIKA）配套系是 20 世纪 80 年代初由德国 ZIKA 家兔育种公司育成，由 G 系、N 系和 Z 系组成（图 2-9、图 2-10）。1988年由四川省畜牧科学研究院从德国引进。

G 系　　　　　　　　N 系　　　　　　　　Z 系

图 2-9　ZIKA 配套系

G 系为德国巨型兔，毛色白化型，属大型品种，3 月龄重 2.8～3.0 千克，全净膛屠宰率 55.6%，6 月龄重 4.5 千克，成年体重 5.0～6.0 千克，平均胎产仔数 7 只左右，初生重 70～75 克。

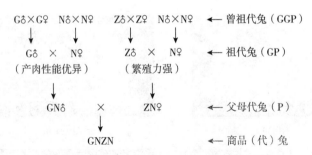

图 2-10 ZIKA 配套系杂交模式

注：G、N、Z 分别代表 ZIKA 肉兔配套系的三个不同品系，
♂、♀分别代表公兔、母兔。

N 系为新西兰白兔，属中型品种，3 月龄体重 2.3～2.9 千克，全净膛屠宰率 54.0%，6 月龄重 3.5 千克，成年体重 4.3～5.0 千克，胎产仔数 6.8～7.2 只；初生重 70～75 克。其中分为两个类型：一类在产肉性能方面有优势，另一类母性及繁殖性能方面比较突出。

Z 系为合成系，毛色为白化型或灰色，属小型品种，3 月龄重 2.1～2.5 千克，全净膛屠宰率 50.4%，6 月龄重 3.35 千克，成年体重 3.5～3.9 千克，胎产仔数 6.2～7.5 只，初生重 56～65 克，母性极佳。

在德国封闭式兔舍自动采食条件下，GNZN 商品兔 84 日龄平均活重 3.0 千克，料重比 3∶1；平均胎产仔数 8.2 只。在我国开放式兔舍限食条件下，90 日龄活重 2.5～2.7 千克，料重比 3～3.3∶1，平均胎产仔数 8.1 只。

（三）艾够（ELCO）配套系

艾够（ELCO）配套系是法国艾哥（ELCO）公司培育的大型白色肉兔配套系，为四系配套，即 GP111 系、GP121 系、GP172 系和 GP122（图 2-11）。

杂交生产模式见图 2-12。由祖代 A 系公兔（GP111）与 B 系母兔（GP121）杂交生产父母代公兔（P231♂），祖代 C 系公兔（GP172）与 D 系母兔（GP122）杂交生产父母代母兔（P292♀），

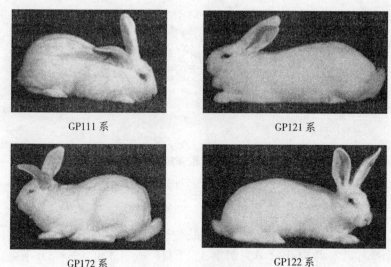

GP111 系　　　　　　　　GP121 系

GP172 系　　　　　　　　GP122 系

图 2-11　ELCO 配套系

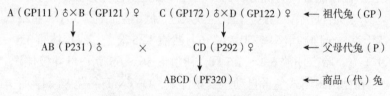

A（GP111）♂×B（GP121）♀　　C（GP172）♂×D（GP122）♀　←祖代兔（GP）

AB（P231）♂　　　×　　　CD（P292）♀　←父母代兔（P）

ABCD（PF320）　←商品（代）兔

图 2-12　ELCO 配套系杂交模式

注：A、B、C、D 分别代表 ELCO 肉兔配套系的四个不同品系，♂、♀分别代表公兔、母兔。

父母代公兔（P231♂）与母兔（P292♀）交配生产商品代肉兔（PF320）。

祖代 A 系公兔（GP111）：成年体重 5.8 千克以上，性成熟 26～28 周龄，70 日龄体重 2.5～2.7 千克，28～70 日龄料重比为 2.8∶1。

祖代 B 系母兔（GP121）：成年体重 5.0 千克以上，性成熟 121±2 天，70 日龄体重 2.5～2.7 千克，28～70 日龄料重比为 3.0∶1，每个母兔笼位年可提供断奶仔兔 50 只，其中父母代父系（P231）15～18 只。

祖代 C 系公兔（GP172）：成年体重 3.8～4.2 千克，性成熟 22～

24 周龄，性情活泼，性欲旺盛，配种能力强。

祖代 D 系母兔（GP122）：成年体重 4.2～4.4 千克，性成熟 117±2 天，每个母兔笼位年可提供断奶仔兔 80～90 只，其中父母代父系（P292）25～30 只，具有极强的繁殖力。

父母代父系（P231）：由 A、B 合成，成年体重 5.5 千克以上，性成熟 26～28 周龄，28～70 日龄日增重 42 克，料重比为 3.0∶1。

父母代母系（P292）：由 C、D 合成，成年体重 4.0～4.2 千克，性成熟 117±2 天，每个母兔笼位年可提供断奶仔兔 90～100 只，窝产仔 10.0～10.2 只，其中活仔 9.3～9.5 只，28 天断奶成活 8.8～9.0 只，出栏成活 8.3～8.5 只。

（四）康大配套系

康大配套系是近年来由青岛康大集团与山东农业大学联合培育的具有我国自主知识产权的肉兔配套系，包括 2 个三系配套系（康大 1 号肉兔配套系和康大 2 号肉兔配套系）和 1 个四系配套系（康大 3 号肉兔配套系），共 5 个专门化品系。

1. 康大配套系专门化品系

（1）康大肉兔Ⅰ系 康大肉兔Ⅰ系被毛纯白色，眼球粉红色，耳中等大，直立，头型清秀，体质结实，结构匀称。四肢健壮，背腰长，中后躯发育良好；有效乳头 4～5 对。母性好，性情温顺。胎产活仔数 9.2～9.6 只，28 日龄平均断奶个体重 650 克以上，35 日龄平均断奶个体重 900 克以上。成年兔体长 40～44 厘米，胸围 34～38 厘米。成年体重公兔 4.3～4.8 千克，母兔 4.4～4.9 千克。全净膛屠宰率为 48%～50%。

（2）康大肉兔Ⅱ系 康大肉兔Ⅱ系被毛为末端黑毛色，即两耳、鼻黑色或灰色，尾端和四肢末端浅灰色，其余部位纯白色；眼球粉红色，耳中等大，直立，头型清秀，体质结实，四肢健壮，脚毛丰厚。体躯结构匀称，前、中、后躯发育良好；有效乳头 4～5 对。性情温顺，母性好，泌乳力强。胎产活仔数 9.3～9.8 只，28 日龄平均断奶个体重650克以上，35日龄平均断奶个体重900克以上。成年兔体长40～44厘米，胸围34～38厘米。成年体重公兔4.2～4.7千克，母兔4.3～4.8千克。全净膛屠宰率为50%～52%。

（3）**康大肉兔Ⅴ系** 康大肉兔Ⅴ系为纯白色，眼球粉红色，耳大宽厚直立，平均耳长13.50±0.66厘米，平均耳宽7.80±0.56厘米，头大额宽，四肢粗壮，脚毛丰厚，体质结实，胸宽深，背腰平直，腿臀肌肉发达，体型呈典型的肉用体型。有效乳头4对。胎产活仔数8.5～9.0只，28日龄平均断奶个体重700克以上，35日龄平均断奶个体重950克以上。成年兔体长42～46厘米，胸围36～40厘米。成年体重公兔5.0～5.6千克，母兔5.2～5.8千克。全净膛屠宰率为53%～55%。

（4）**康大肉兔Ⅵ系** 康大肉兔Ⅵ系被毛为纯白色，眼球粉红色，耳宽大，直立或略微前倾，头大额宽，四肢粗壮，脚毛丰厚，体质结实，胸宽深，被腰平直，腿臀肌肉发达，体型呈典型的肉用体型。有效乳头4对。胎产活仔数8.0～8.6只，28日龄平均断奶个体重700克以上，35日龄平均断奶个体重950克以上。成年兔体长42～46厘米，胸围35～39厘米。成年体重公兔4.8～5.4千克，母兔5.0～5.6千克。全净膛屠宰率为53%～55%。

（5）**康大肉兔Ⅶ系** 康大肉兔Ⅶ系被毛黑色，部分深灰色或棕色，被毛较短，平均2.32±0.35厘米，眼球黑色，耳中等大，直立，头型圆大，四肢粗壮，体质结实，胸宽深，背腰平直，腿臀肌肉发达，体型呈典型的肉用体型。有效乳头4对。胎产活仔数8.5～9.0只，28日龄平均断奶个体重700克以上，35日龄平均断奶个体重950克以上。成年兔体长41～46厘米，胸围38～42厘米。成年体重公兔5.0～5.5千克，母兔5.1～5.6千克。全净膛屠宰率为53%～55%。

2. 康大肉兔配套系杂交生产模式

（1）**康大1号肉兔配套系杂交生产模式** 康大1号肉兔配套系杂交生产模式见图2-13。由Ⅵ系纯繁生产父母代公兔（Ⅵ系♂），Ⅰ系祖代公兔与Ⅱ系祖代母兔杂交生产父母代母兔（Ⅰ·Ⅱ♀），

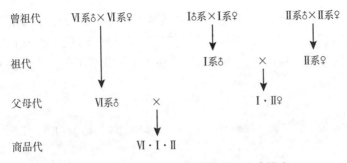

图 2-13　康大 1 号肉兔配套系杂交生产模式

父母代公兔（Ⅵ系♂）与父母代母兔（Ⅰ·Ⅱ♀）杂交生产商品代肉兔（Ⅵ·Ⅰ·Ⅱ）。

父母代Ⅵ系公兔的特征同祖代，性成熟 20～22 周龄，26～28 周龄配种繁殖。

父母代Ⅰ·Ⅱ母兔被毛体躯呈纯白色，末端呈黑灰色，耳中等大，直立，头型清秀，体质结实，结构匀称，有效乳头 4～5 对。性情温顺，母性好，泌乳力强。胎产活仔数 10.0～10.5 只，35 日龄平均断奶个体重 920 克以上。成年母兔体长 40～45 厘米，胸围 35～39 厘米，体重 4.5～5.0 千克。

商品代体躯被毛白色或末端灰色，体质结实，四肢健壮，结构匀称，全身肌肉丰满，中后躯发育良好。10 周龄出栏体重 2.4 千克，料重比低于 3.0∶1；12 周龄出栏体重 2.9 千克，料重比 3.2～3.4∶1，屠宰率 53%～55%。

康大 1 号肉兔配套系适应性、抗病抗逆性好：表现为对饲料变换产生的应激反应较小、对饲料品质要求较低，生产中发病少，成活率高；被毛中绒毛相对较多，毛皮的附加值相对高，四肢脚毛较厚，不易发生脚皮炎。中试证明，康大 1 号肉兔配套系不仅适应山东和华北、华东地区饲养，而且在东北严寒、四川夏季湿热的条件下表现良好，优于国外引进配套系。

（2）康大 2 号肉兔配套系杂交生产模式　康大 2 号肉兔配套系

杂交生产模式见图2-14。由Ⅶ系纯繁生产父母代公兔（Ⅶ系♂），Ⅰ系祖代公兔与Ⅱ系祖代母兔杂交生产父母代母兔（Ⅰ·Ⅱ♀），父母代公兔（Ⅶ系♂）与父母代母兔（Ⅰ·Ⅱ♀）杂交生产商品代肉兔（Ⅶ·Ⅰ·Ⅱ）。

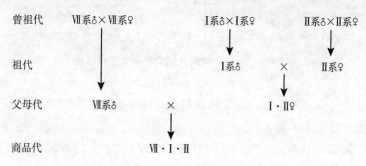

图2-14　康大2号肉兔配套系杂交生产模式

父母代Ⅶ系公兔的特征同祖代。

父母代母兔的特征同康大1号配套系父母代母兔。

商品代毛色为黑色，部分深灰色或棕色，被毛较短，眼球黑色，耳中等大，直立，头型圆大，四肢粗壮，体质结实，胸宽深，背腰平直，腿臀肌肉发达，体型呈典型的肉用体型。10周龄出栏体重2.3～2.5千克，料重比2.8～3.1∶1；12周龄出栏体重2.8～3.0千克，料重比3.2～3.4∶1，屠宰率53%～55%。

康大2号配套系早期生长速度快，在选育中逐步克服了原始育种材料香槟兔对饲料相对敏感，对饲料营养要求高的不足，获得良好适应性和抗逆性。经中试证明，不仅适应山东和华北、华东地区饲养，而且在东北严寒、四川夏季湿热的情况下表现良好，优于对照品种和国外引进配套系。

（3）康大3号肉兔配套系杂交生产模式　康大3号肉兔配套系杂交生产模式见图2-15。由Ⅵ系祖代公兔与Ⅴ系祖代母兔杂交生产父母代公兔（Ⅵ·Ⅴ系♂），Ⅰ系祖代公兔与Ⅱ系祖代母兔杂交生产父母代母兔（Ⅰ·Ⅱ♀），父母代公兔（Ⅵ·Ⅴ系♂）与父母代母兔（Ⅰ·Ⅱ♀）杂交生产商品代肉兔（ⅥⅤ·ⅠⅡ）。

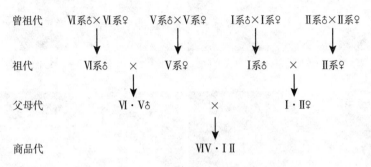

图2-15　康大3号肉兔配套系杂交生产模式

父母代公兔Ⅵ·Ⅴ纯白色，眼球粉红色，耳大宽厚直立，头大额宽，四肢粗壮，脚毛丰厚，体质结实，胸宽深，背腰平直，腿臀肌肉发达，体型呈典型的肉用体型。有效乳头4对。胎产活仔数8.4～9.5只，公兔的成年体重5.0～5.6千克。20～22周龄达到性成熟，26～28周龄可以配种繁殖。

父母代母兔的特征同康大1号配套系父母代母兔。

商品代被毛白色或末端黑毛色，体质结实，四肢健壮，结构匀称，全身肌肉丰满，中后躯发育良好。10周龄出栏体重2.4～2.6千克，料重比低于3.0∶1；12周龄出栏体重2.9～3.1千克，料重比3.2～3.4∶1，屠宰率53%～55%。

康大3号肉兔配套系商品代杂种优势明显，适应性、抗病抗逆性好：对饲料变换产生的应激反应较小、对饲料品质要求较低，生产中发病少，成活率高。经中试证明，不仅适应山东和华北华东地区饲养，而且在东北严寒、四川夏季湿热的情况下表现良好，优于国外引进配套系（图2-16）。

康大1号肉兔配套系——父母代公兔

康大2号肉兔配套系——父母代公兔

康大3号肉兔配套系——父母代公兔

康大1号、2号、3号肉兔配套系——
父母代母兔

图2-16　康大配套系父母代

三、种兔的引进

（一）引种原则

在引种前应首先考虑当地的实际条件、生产成本、市场需求、销售成本、自身素质和经济条件等因素，不能盲目引种，或在没有经验的情况下兴办大型兔场。

1. 根据市场需求，确定养殖规模　根据近几年的商品肉兔生产和销售行情，以及对未来几年市场需求和发展趋势的预期，确定兔场的养殖规模。同时，应该考察当地及周边地区商品肉兔的市场需求及销售渠道，以尽量保证销售价格及减少销售成本。

2. 根据技术水平和饲养管理条件，确定良种引进　良种出效益，但良种需要良法。有一定养兔经验和良好饲养管理条件及规模较大的兔场，应引进优良的品种（系）或配套系；缺乏养兔经验，饲养管理条件较差的场（户），可先饲养少量的适应当地的品种，取得一定经验并创造一定的条件后，再逐步引进良种、扩大规模。

3. 根据品种（系）性能特点，选择引种 为达到商品肉兔生产的高效益，引种时应该尽量选择早期生长快、饲料报酬高、屠宰率高的中型品种，如新西兰白兔、加利福尼亚兔等。有条件的规模化生产场，可引进肉兔配套系，利用杂种优势进行商品肉兔生产。

4. 大规模引种前最好进行引种试验观察 未在本地饲养过的品种应先少量引进，在当地饲养管理条件下，观察其遗传稳定性、生产速度、繁殖力、适应性及饲料报酬等。若有条件，可从多个种兔场少量引进同一品种进行比较试验，或同时引进多个品种进行品种比较，从中选择出真正适合当地条件的品种（系）。

（二）引种注意事项

1. 选择可靠的种兔场 目前，我国种兔市场尚缺乏依法治兔力度，缺乏有效的种质检测机构，种兔管理比较混乱，存在炒种现象。许多进口的良种由于缺乏系统选育和测定，出现严重退化。为引到纯正的良种，应该从建场时间较长，有较强技术力量和一定生产规模，且具有当地地市级以上畜牧主管部门颁发的《种畜禽生产经营许可证》和《种畜禽合格证》的种兔场引种。

2. 所引种兔应具备典型的品种特征 不同品种（系）的种兔具有不同的品种特征。引种时，首先应看体型外貌（毛色、体型、头型、耳型、眼睛、肉髯、四肢等）是否符合本品种（系）特征，且是否一致；同时，还应看体躯发育是否正常，体重与年龄是否相符。为便于观察，最好引进体重 1.5 千克以上、年龄在 2～5 月龄、生长发育良好的幼兔或青年兔，切忌引进老龄兔和刚断奶的幼兔。

3. 所引的肉兔配套系应代次清楚 配套系一般是由 3～4 个各具突出性状的品种或专门化品系，按照一定的制种模式，配制祖代、父母代和商品代杂交兔的一种"倒金字塔"，是一种高效的商品肉兔生产方法。

由于仅曾祖代场可自繁自养，祖代和父母代都不能进行纯种繁殖，因此父母代兔场不能继续留种。因此，配套系一般不适合"自繁自养"式的小规模养兔场（户），而更适合一些饲养管理水平较高、规模较大的商品肉兔生产场。配套系在引进之前，首先应详细考察了解该配套系的来源、代次、制种模式及各代次的生产性能等情况，引种时结合系谱资料弄清楚供种兔场所提供给配套系的代次，避免引进已无种用价值的商品代杂交兔。祖代场（即父母代制种场）和父母代场（即商品肉兔生产场）应定期更换同代次的种兔。

4. 系谱资料齐全　系谱资料是种兔引进后饲养管理、繁殖和育种工作不可缺少的科学依据。主要应包括出生日期、系谱卡等，配套系还应注明代次，并要求耳号清晰，耳号与系谱相符。

5. 选择适宜的引种季节　引种季节的选择主要根据供种场和引种场的气候条件以及两地距离的远近。总的来说，春、秋及初冬是较适宜的引种季节，当气温超过30℃或低于−5℃及雨、雪天气，不宜引种，特别是从外地引种，避免中暑、感冒或因产生强烈应激反应而诱发巴氏杆菌病、大肠杆菌病等。如因特殊情况，确需在冬、夏季引种，必须做好保温或防暑工作。

6. 选择健康无病的种兔　主要检查精神状态、体况、粪便、体温、呼吸、心跳、行走姿势等是否正常，检查疥螨、兔虱等体外寄生虫；真菌、脱毛等皮肤病；鼻炎、肺炎等呼吸道疾病；皮下脓肿和外伤等。

7. 选择无明显外形缺陷的种兔　家兔外形缺陷多数是遗传的，可代代相传，少部分是由环境因素造成的后天性的。常见外形缺陷主要有以下几种。

（1）门齿畸形　多数是遗传性的，少数是由于长期喂给粉状饲料，门齿得不到有效的磨损而造成的。主要表现为下门齿向斜上方生长，而上门齿向嘴里生长，变得长而弯曲。

（2）**垂耳**　少数品种的 1 只或 2 只耳朵下垂是其品种特征，如法国公羊兔、英国公羊兔、塞北兔等。但就大多数肉兔品种而言，其两耳是直立的，如因遗传或捉兔时操作不当、营养缺乏、疾病等后天因素造成一耳或两耳下垂，均不宜作种用。

（3）**隐睾或单睾**　在选择 4 月龄以上的种兔时，公兔睾丸的发育是必检项目。单睾或隐睾多数会终生丧失全部或部分繁殖能力，应严格淘汰。

（4）**阴部畸形**　少数幼龄母兔阴门像幼龄公兔，阴部外凸，这种母兔不宜作种用。

（5）**乳头过少**　乳头数量直接影响到其泌乳性能和哺乳能力。母兔正常乳头为 4～6 对，选种时应选择乳头数量多的母兔，凡乳头数量少于 4 对的母兔应淘汰。

（6）**八字腿**　又称滑水腿，多数是因营养不良、笼底板设计不合理（过滑）等后天造成的，幼兔表现不太明显，应该注意观察。

8. 搞好种兔运输　家兔对环境的变化十分敏感，运输方式不当，轻者发病，严重者引起死亡。因此，为尽量减少应激反应，避免不应有的损失，运输过程中应注意以下几点。

（1）**根据引种数量确定适宜的运输方式**　如果路途较短，引种数量较少（30 只以下）时，可采取灵活的运输方式；如果引种数量较多（30 只以上）时最好自带车辆；如果路途超过 500 千米以上，最好通过火车或飞机托运。

（2）**做好笼具的准备工作**　运输作用笼具应根据路途长短、品种、年龄、体重、运输方式等具体情况而定。短途运输对笼具的要求不是很严格，金属笼、硬纸箱、塑料周转箱等均可；而长途运输时，应使用坚实、耐啃的专用笼具，最为常用的是金属笼。如通过飞机托运，还应该根据要求，使用专门设计的底部带有承粪盘的笼具，或用塑料布将底部外围包裹 5 厘米。笼具不宜过大，一般要求面积 0.2～0.4 米^2、高 0.25 米左右为宜，每笼装 1.5～2.5 千克幼兔 4～8 只，2.5～4.0 千克青年兔 2～5 只。笼具过大，装兔过多易因挤压或打架而造成伤亡。

（3）**严格消毒、检疫**　运输所用笼具和车辆应用2%～3%来苏儿、0.02%百毒杀等消毒剂或喷灯进行严格消毒。装笼前对所引进种兔进行严格的健康检查和检疫，确认无病后装笼，并向当地兽医部门索取检疫证明。

（4）**掌握正确的装车方法**　装车前，最好在车箱底垫一层软干草，既可作饲料，又可吸附粪尿，防止底层兔四肢和腹部被粪尿污染，并有一定的缓冲作用。装车时，首先应注意根据笼具和种兔的体重、年龄等情况掌握适宜的装兔密度，每笼具装兔数量宁少勿多。其次，如果笼具没有粪盘，应注意上下笼位之间用不透水的塑料布或油毡纸隔开，以防粪尿污染下层种兔。同时，应注意笼与笼间保留一定的间隙。在气温较高的季节（25℃以上），顶层用篷布遮盖，但四周敞开，防止闷死种兔。另外，还应注意在气温较低时（5℃以下），顶层、前面和两侧用篷布遮盖，防风保温，但后面应敞开，以保持车厢内空气通畅。

（5）**运输途中应适当控制喂料、饮水，并注意观察**　长途运输24小时以内不必喂料、饮水，如途中时间超过48小时，适当喂干草或胡萝卜等，并提供饮水。不宜大量喂给精饲料和菜类，以免引起腹泻。途中还应注意不宜长时间停车，每2～3小时左右检查1次兔群，发现异常及时处理。

9. 做好引种初期的饲养管理工作　种兔到达目的地后，应立即打开篷布，将笼具卸下，观察种兔状况。重点检查有无死亡，精神状态、粪便、体温、行走姿势等是否正常，有无鼻炎、皮肤和公兔外生殖器外伤。及时剔除死亡兔，隔离患病兔，将健康兔放入准备好的笼内。休息1～2小时后，先饮用适量的淡盐水或口服补液盐，1小时后喂少量干草，4～6小时后再喂给少量（正常量的30%左右）从供种场带来的饲料。经5～7天逐渐恢复到正常喂量，饲料过渡到新场饲料。引入种兔应先隔离观察1个月，经观察无疫病后方可混群饲养。

第三章

肉兔繁殖技术

肉兔性成熟早，繁殖周期短，这一优势是提高肉兔生产经济效益的基础。正确掌握肉兔的生殖生理，充分利用种兔的配种潜力，提高受胎率、产仔数和后代生活力，可大大提高养兔收益。

一、肉兔生殖特点

（一）肉兔生殖器官的特点

1. 公兔生殖器官的特点　公兔生殖器官特点是一生中睾丸位置的变化。在胎儿时期，睾丸位于腹腔内，附着于腹壁。1～2月龄的幼兔，睾丸下降到腹股沟管内。由于此时睾丸尚小，从外部不易摸到，体表也未形成明显的阴囊。大约2.5月龄以后，睾丸下降到阴囊内，此时体表即可摸到成对的睾丸。肉兔的腹股沟管宽短且终生不封闭，所以睾丸可以自由地缩回腹腔或降入阴囊，如公兔兴奋时能将两睾丸收缩到腹腔内，用手压迫腹部可将其挤回到阴囊。

在进行选种或引种时，要注意公兔的这一特点，不要把睾丸暂时缩回腹腔误认为隐睾。遇到这种情况时，只要将公兔头向上提起，用手轻拍腹部数下，或者在腹股沟管处轻轻挤压，可以使睾丸降下来。当然，也可能遇到有的成年公兔的睾丸一直不降入阴囊的情况，这便是隐睾。隐睾有单侧和双侧，双侧隐睾没有生殖能力，应及时淘汰。

2. 母兔生殖器官的特点 肉兔的子宫属于双子宫类型，即两侧子宫完全分离。左右子宫都没有子宫角和子宫体之分，两侧子宫各有一个宫颈开口于阴道。由于两个子宫互不相通，因此肉兔每侧子宫中附植的胚胎数不一定相等，有的甚至相差悬殊。

（二）初配年龄

初生母兔生长发育到一定的年龄，其卵巢才能产生卵子，即达到性成熟。肉兔因品种、性别、营养、季节等因素不同，性成熟期有差异，一般3～4月龄开始性成熟。这时，公、母兔生殖器官发育完善，能产生有受精能力的精子和卵子。但这时不适宜配种，因为体成熟尚未完成，身体各器官仍处于发育阶段。如过早配种，不但影响公、母兔自身的生长发育，而且母兔乳汁少，所产仔兔也小。初配时间主要取决于肉兔体重和年龄，其中体重更为重要。一般体重达到成年兔标准体重的80%左右即可配种。不同品种的肉兔适宜初配年龄不同，一般4～7月龄，初配体重2.5～3.5千克。

（三）适时配种

母兔自性成熟后，在其卵巢中每隔一段时间发育成熟许多卵子，但是这些卵子只有经过公兔交配，或试情公兔爬跨刺激后10～12小时才能从卵巢排出，这种现象叫刺激排卵。如果没有这种刺激，母兔不能排卵，成熟的卵子经过12天左右逐渐萎缩退化，并被周围组织吸收，同时新的卵子又不断成熟。一般母兔发情周期为8～15天，发情持续期3～5天。

母兔发情时表现兴奋不安，仰头张望，后肢击拍笼底，精神不安，食欲下降，俗称"闹圈"。一般在发情开始时，多数母兔外阴部黏膜呈潮红、水肿、湿润。那么，如何掌握最合适的配种时间呢？

俗话说："粉红早，黑紫迟，大红正当时"，外阴只潮红但不湿润、无光泽也不易配上；呈深红色，且湿润有光泽，外阴肿胀，则为发情旺期，这时配种最易受胎，且产仔数也高；到性欲减退，发情即将结束时，则逐渐变黑紫色，此时配种受胎率低。

（四）妊娠和妊娠检查

受精卵在母兔体内逐渐发育成胎儿所出现的一系列复杂的生理过程叫妊娠。完成这一发育过程所需的时间称为妊娠期。一般母兔妊娠期从交配后的第二天算起，一般为30～31天。妊娠期的长短因肉兔的品种、年龄、营养和健康状况而略有差异。如大型兔比小型兔长，老年兔比青年兔长，胎儿数量少比数量多的长，营养和健康状况好的也比差的长。一般范围是29～35天，不足29天为早产，超过35天为异常妊娠。

在生产实践中，常常遇到母兔接受公兔交配后，乳腺发育，子宫增大，像妊娠一样，但没有胎儿，这种现象称假妊娠。在正常妊娠时，妊娠第16天后黄体得到胎盘分泌的激素而继续存在下去；而假妊娠时，由于母兔没胎盘，延至16～18天后黄体退化，于是母兔表现出临产行为，甚至乳腺分泌出一些乳汁。所以，只要母兔在交配后16～18天有临产行为的，即可判定为假妊娠，这时配种和分娩母兔一样，很容易接受公兔交配而受胎。

母兔配种后，要及时鉴定是否受胎。检查的方法很多，有复配检查、称重检查和摸胎检查3种，其中以摸胎检查较为准确可靠。技术熟练的人，在母兔配种后10天即可摸到。摸胎时应该注意，切勿将妊娠母兔提离地面悬空进行，也不要用力过重，否则容易造成流产。

摸胎方法：左手抓住兔双耳，将母兔固定在地面或桌面上，兔头部向内，另用右手作"八"字形放在母兔腹下，自前向后轻轻地沿腹壁后部两旁摸索。若腹部柔软如棉，说明没有受胎；如摸到像花生状大小、能滑动的肉球，就是受胎的现象，15天后可摸到几个蚕豆大小连在一起的小肉球，20天可摸到成形的胎儿。10天左右检查时，注意区别胎儿与粪球，兔的粪球呈圆形或椭圆形，质硬，没有弹性，不光滑，分布面积较大；而胚胎的位置比较固定，光滑柔软而有弹性，呈椭圆形。

（五）分　娩

胎儿在母体内发育成熟后，由母体排出体外的生理变化过程叫作分娩。母兔在临产前数天乳房肿胀，并可挤出乳汁，外阴部充血肿胀，黏膜潮红湿润，食欲减退，甚至绝食；开始衔草做巢，并将胸、腹部毛用嘴拉下，衔入巢内铺好。初产母兔往往不会衔草拉毛营巢，此时管理人员要及时铺草，帮助母兔拉毛做窝。

母兔在凌晨分娩的较多。母兔在临产前，表现出子宫收缩和阵痛，精神不安，四爪刨地，弓背努责，排出胎水，仔兔便顺次连同胎衣产出。母兔边产仔边将仔兔脐带咬断，同时将胎衣吃掉，并舔干仔兔身上的血迹，分娩结束。一般母兔每隔2～3分钟产1只仔兔，产出1窝需20～30分钟，但也有少数需1小时以上。母兔产后即跳离巢箱找水喝，所以应在产前备足饮水，以免母兔产后口渴而又找不到水时，跳回巢箱内吃掉仔兔。

二、肉兔繁殖季节

合理掌握好肉兔的配种繁殖季节，是提高繁殖率和仔兔成活率的重要环节。虽然大部分肉兔一年四季都可交配繁殖，但夏季气候炎热、母兔食欲减退，妊娠母兔因营养不良往往造成死胎或由死胎所致难产等现象。虽然有的母兔能顺利分娩，但也因天热而减食，泌乳量少，影响仔兔吃奶，仔兔因体质瘦弱而难以育成。同时，高温也会影响公兔的性功能，主要表现在睾丸缩小、精子活力不强、精子浓度降低、畸形精子增多，性欲减退，所配母兔受胎率下降，胚胎死亡率增加。

冬季气温低，夜间多在0℃以下，若在无保暖设备，又无人看护下分娩，容易使初生仔兔冻僵或冻死。因此，加强管理，使仔兔保暖，给母兔充足的日粮营养，使仔兔正常发育，才能开展好冬繁。

初秋秋高气爽，但此时公、母兔换毛，需要大量蛋白质，影响公兔精液的形成；母兔的发情、排卵、体内胚胎发育及泌乳也受影响。所以，推迟到深秋配种较好，因为此时的公兔已经过了较长的恢复期。春季气温暖和，饲料丰富，是肉兔繁殖的最好季节，从早春开始，可以一季内配上两胎，而且成活率和育成率都高。

目前，规模化兔场的繁育舍大多为室内兔舍，其环境可控，冬季有供暖设施，夏季有通风降温设施，一年四季均可繁殖，全年均衡生产。所以，应根据当地的气候条件和兔场的具体情况制定繁殖计划。

三、配种技术

肉兔的配种方法分自然交配、人工辅助交配和人工授精 3 种。

（一）自然交配

将发情母兔放到公兔笼内，任其自行交配。公兔表现为立即追求母兔，母兔开始先退避几步，若母兔发情适期，很快后肢撑起，举尾迎合，让公兔爬跨。公兔阴茎插入母兔阴道内射精，并发出"咕"的一声叫，随即后肢卷缩，向母兔的一侧倒下或从母兔背上滑下。

（二）人工辅助交配

如遇母兔不愿交配，除发情征状不明显外，可采取人工辅助方法，强制配种。交配时，场所需要安静，避免干扰。配种员可用左手抓住母兔的耳朵和颈部皮肤，右手伸入母兔腹下，用食指和中指夹住母兔的尾巴并将尾巴拨向一边，暴露外阴，将臀部稍微托起固定，便于公兔交配。

（三）人工授精

人工授精是肉兔繁殖、改良工作中最经济、最迅速、最科学的方法。肉兔人工授精的优点：可提高优良品种公兔的利用效率，迅速提高兔群质量；可减少公兔的饲养量，降低饲养成本；避免传染病，特别是避免生殖器官疾病；提高受胎率和产仔数。兔的人工授精过程分述如下。

1. 采精前的准备　主要是假阴道的制备。

首先用竹筒、橡皮管或塑料管制成长 10～12 厘米的假阴道外壳，内胎用 14～16 厘米长的圆筒薄胶皮或避孕套等代替。集精管可用口径适当的小试管或废弃的抗菌素小瓶代替。假阴道在采精前要仔细检查，无破损漏气，然后用 70% 酒精彻底消毒内胎，待酒精挥发后，安装集精管（集精管可用沸水煮沸），最后用 1% 氯化钠溶液冲洗 2～3 次。

安装好的假阴道，消毒冲洗后加入 50℃～55℃ 的热水，使假阴道内的温度调节到适宜公兔射精的温度，即 40℃～42℃，调整好温度，再在假阴道壁上涂消过毒的润滑剂，然后使假阴道内层形成三角形或两边形，即可用来采精。

目前，市场有商品化的配套家兔采精器械可供选购，使用方便，采精效果较好。

2. 采精方法　采精时，采精员首先用左手抓住母兔的耳朵和颈部皮肤保定好，右手持假阴道放于母兔后腿之间紧贴母兔腹下，稍向外突出 1 厘米或与外阴相平，前端稍低，待公兔爬上母兔后躯时，根据公兔阴茎位置稍做调整，以保证公兔阴茎顺利插入假阴道开口处，当公兔后躯蜷缩，发出"咕咕"叫声，并向一侧滑下时，即表示射精结束，此时应立即将假阴道口向上竖起，以防精液流失，然后放掉水，取出集精管，塞上消毒木塞即可。经过训练的公兔，可用一张兔皮蒙住采精员的右手及胳臂固定住，也可达到采精的目的。

采精后，所有用具必须用温肥皂水及时洗涤干净，橡皮内胎、集精管用纱布擦干，涂上滑石粉，以免黏合变质。其他用具放在干燥、清洁的橱箱内备用。

3. 精液检查　采精后应立即进行精液品质检查。

（1）**肉眼检查**　肉眼直接观察精液的数量、色泽、浑浊度、气味等。正常成年公兔的精液呈乳白色，不透明，有的略带黄色。颜色和浑浊度与精子的浓度成正比。每次射精量 0.5～1.5 毫升，新鲜精液无臭味，酸碱度一般为 pH 值 6.8～7.25。

（2）**显微镜检查**　精子活力的强弱是影响母兔受胎率及产仔数的重要因素。精子活力越强，则受胎率越高，其产仔数也越多。所以鉴定精子活力，是评定公兔种用价值的重要指标之一。在生产实践上，一般要求公兔精子活力在 0.6 以上，才可作授精之用。解冻后活力也应在 0.4 以上才可作人工授精用。

（3）**精子的密度**　评定公兔精子密度方法有评等法和计数法，常用评等法。评等法可分为密、中、稀三等。

密：在显微镜视野中，精子非常稠密，精子与精子之间几乎没有空隙。

中：在显微镜视野中，精子之间有一些大小不等空隙，每个精子清晰可见。

稀：精子零星分布，空隙大，数量少。

4. 精液稀释　精液的稀释对肉兔的人工授精具有特别重要的意义。兔子一次射精量较少，如果采 1 只公兔的精液只输给 1～2 只母兔则造成很大浪费。对精液进行稀释，可以给多只母兔输精，大大提高了优良种公兔的利用价值。同时，稀释液可供给精子养分，中和副性腺分泌物对精子的有害作用，并能缓冲精液的酸碱度，为精子创造更适宜的环境，从而增强其生命力、延长精子的存活时间，便于保存和运输，更好地发挥优良种公兔的作用。

目前常用肉兔精液稀释液及配方如下。

7% 葡萄糖溶液：取化学纯葡萄糖 7 克，放入清洁干燥的量杯中，加入蒸馏水或过滤开水至100毫升，轻轻搅拌，使其充分溶解。用两层滤纸过滤到三角烧瓶中，煮沸或蒸汽消毒20分钟，降温至30℃～35℃时使用。使用时，加入适量的抗生素类（青霉素或链霉素）药物，以防止细菌污染。

11% 蔗糖溶液：取化学纯蔗糖11克，放入量杯，加蒸馏水至100毫升，充分搅拌溶解，再用滤纸过滤到三角烧瓶中，加盖密封，消毒20分钟，降温后使用。

1% 氯化钠溶液：取化学纯氯化钠1克，放入量杯中，再加水至100毫升，过滤，密封，消毒后使用。

精液的稀释倍数应视精子的活力、密度等具体情况而定。精液稀释要在20℃～25℃的室温进行。多采用1∶3～10的比例稀释。稀释精液时，应把30℃～35℃的稀释液，沿集精管壁缓慢注入精液中，稍加振荡使之充分混合，即稀释完毕。然后取1滴稀释液，进行显微镜检查。如果精子无明显变化，即可给母兔输精；如果精子活力很差，死精多，则要及时查明原因，此稀释液就不能供输精之用。

稀释的精液一时用不完，要立即把它保存在阴暗干燥处，或放在冰箱中，保持温度0℃～5℃，否则将明显影响精子存活时间。精液降温要缓慢进行，使其有一个适应的过程。再次使用前，应先进行精子活力检查。

5. 输精　肉兔属刺激排卵的动物，因此在输精前必须进行刺激。可以用结扎公兔交配诱发母兔排卵，或一次肌内或静脉注射促排卵素3号或促排卵素2号3～5微克，促使发情排卵，同时输精。

输精过程由1人完成时，可将母兔用两腿夹住，头向下，如有助手，可由助手保定。用两指将母兔外阴部轻轻分开，然后将输精管沿阴道背侧缓缓插入6～8厘米处输精。输精量每次0.3～1毫升。输精后，将输精管慢慢抽出，并轻轻按摩母兔阴部，增加其快感，加速阴道与子宫的收缩，避免精液倒流。也可以将母兔放在兔专用保定箱中，用左手抓住母兔臀部皮肤，同时食指和中指夹住尾巴，并拨向一边，充分暴露外阴，右手进行输精操作。

四、提高繁殖率的几项措施

（一）严把种兔质量关

选择生产性能高、繁殖性能好、体质健壮、生殖系统发育正常、性情活泼、性欲旺盛、具有高繁殖力遗传基础的兔子种用。公兔单睾、隐睾、阴茎弯曲者严格淘汰；母兔选母性强、产仔多、泌乳量大、奶头4对。连续4次拒配或2～3次空怀；年产活仔不足30只，断奶存活率不到70%者严格淘汰。凡有流产习惯、食仔癖者均淘汰。初生体重中型品种50克以上，大型品种60克以上。

（二）防止过早初配和近亲繁殖

肉兔一般3～4月龄性成熟，6～9月龄体成熟，肉兔初配年龄应在体成熟之后，不要为追求数量而过早交配，这样会影响公、母兔的正常发育，所生后代个体小、体质弱，而且母乳少、仔兔发育不良、死亡率高。生产商品兔应避免3代内近亲繁殖，充分利用高繁年龄，种公兔2.5～3年，母兔2～2.5年。

（三）掌握适宜的繁殖时间

肉兔一年四季都可繁殖。但不同季节温度、湿度等自然条件及肉兔营养状况不同，对公母兔繁殖力有一定影响。如果能做到冬季增温，兔舍温度不要低于5℃；夏季防暑，不要长时间处于32℃以上的环境；光照保证16小时，光照强度60勒，空气相对湿度55%～65%；加强饲养管理，兔体健壮，就可四季繁殖。酷暑严寒，如夏季7～8月份，冬季12月份最好不配种。春、秋两季最好选在上午8～11时，夏季在清晨和傍晚，冬季在中午进行配种。

（四）采用重复配种和双重配种

重复配种即在第一次交配后 6～8 小时，再用同一只公兔交配 1～3 次，既增加性刺激，又增加有效精子数，促使精卵结合。

双重配种即 1 只母兔连续与 2 只公兔交配，间隔 20～30 分钟。此种方法只适用于生产商品兔，不能生产种兔，并应注意第一只公兔交配后，待母兔身上的公兔气味消散后再与第二只公兔交配，以免种兔相互撕咬，造成配种不顺利。

（五）适时配种、早期妊娠诊断

配种前仔细检查母兔发情状况，发现母兔外阴苍白、干燥，表明没发情；如果外阴大红、肿胀、湿润并愿接受公兔交配，表明可适时配种，受胎率最高。配种后 10 天即可摸胎，确认未受胎的应及早复配。

（六）采用人工授精

人工授精适用于母兔不发情或拒绝交配，以及集约化生产中。母兔的催情可以采用激素诱发法、公兔刺激法和光照刺激法等，对肉兔进行定时输精。

（七）合理安排繁殖密度

母兔一般在产后 30～40 天，待仔兔断奶后再次配种，年可繁 4～5 胎。实行半频密或频密繁殖可大大提高繁殖密度。所谓半频密繁殖即母兔产后 14～16 天即配种，繁殖间隔可缩短 15 天左右，年可繁 6～7 胎；频密繁殖又称"血配"，即母兔产后 24～48 小时内配种，繁殖间隔缩短 28～30 天，年可繁殖 8～10 胎。施行频密繁殖必须提高饲料品质，满足母兔营养需要，生产环境条件良好，饲养管理水平高。而且连续血配 2 次后，应延期配种 1 次，以恢复母体健康，对于个别优良母兔，可采用保姆兔代哺乳，让母兔得以休养，以提高优良母兔的利用率。否则得不偿失。

（八）加强妊娠母兔的饲养管理

妊娠母兔最好饲喂营养丰富的专用饲料。母兔妊娠前期可继续饲喂空怀母兔料，后期饲喂哺乳母兔料，产前3～5天适当减少喂料量。并供给充足清洁饮水，以保证仔兔出生后有充足初乳，防止母兔口渴而食仔。

（九）对繁殖种兔定期检查

定期检查健康状况，保持种用体况，及时进行疫病防治，凡久治不愈者应及时淘汰。

五、同期发情、同期配种

（一）同期发情、同期配种的意义

对母兔的发情周期进行同期化处理，称为同期发情。多采用激素对母兔同期化处理，使母兔群体集中在短期内发情，发情越集中越好。对同期发情的母兔进行自然交配或人工授精，即为同期配种。

兔业生产中，同期发情、同期配种技术有很多优点：①可以使母兔在短时间内同期发情、配种、产仔，有利于妊娠母兔、仔幼兔的管理，提高工作效率；②有利于开展人工授精工作，将优良公兔的精液输给更多的母兔，迅速提高兔群质量；③可以使商品兔及其产品批量上市，适应市场需要。

（二）同期发情、同期配种技术

同期配种多采用人工授精技术，其前提是批量繁殖母兔的同期发情，可以采取以下方法对母兔进行同期发情处理。

①每只母兔皮下注射孕马血清促性腺激素（PMSG）20～30单位，60小时后，肌内注射促排卵素3号（LRH-A₃）3～5微克或耳静脉注射人绒毛膜促性腺激素（HCG）50单位，同时进行配种或人工授精。注意事项：孕马血清促性腺激素的用量不可过多，使用次数不可过频，以防产生抗体而影响使用效果。

②每只母兔耳静脉或肌内注射促排卵素2号或促排卵素3号3～5微克，同时进行人工授精。

③将不发情的母兔用结扎公兔进行爬跨刺激催情，可以产生理想的发情效果。

④增加光照刺激母兔同期发情。在配种前7天，每天的光照时间增加到14～16小时，母兔同期发情率可达到95%以上。

六、繁殖模式

选用适合本场生产实际的繁殖模式，可以最大限度地发挥种兔的生产能力，使养兔效益最大化。繁殖模式有以下两种。

（一）49天繁殖模式

将兔场全部繁殖母兔或一栋兔舍内的繁殖母兔大致分成7批次，每周一配种1个批次，7周正好循环1遍（图3-1）。分7组不是简单将母兔分组，而是在开始配种前，每次挑选发情好的配种，集中

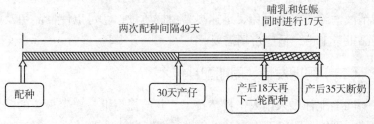

图3-1　49天繁殖模式图解

不发情的先催情再配种。到了第二个循环开始（第八批），每周一配种的母兔来自于产后18天、14天前配种没有受胎的和更新的后备兔子。

（二）42天繁殖模式

这种模式的繁殖周期一般为6周（42天），其具体程序为：同期发情→人工授精→妊娠诊断→同期分娩→同期断奶，依次循环（图3-2）。与其他家畜不同，家兔周期化繁殖过程中，由于繁殖周期短，母兔尚处于泌乳期时就要进行人工授精，因此有一段时间母兔要同时处于哺乳期和妊娠期，这对母兔的体况和代谢能力都是很大的挑战。但这种高密度繁殖的生产模式，可以充分发挥优良母兔的繁殖潜力，同时具有高效率、高效益、简单易管理的特点，尤其适合在大规模兔场中应用。

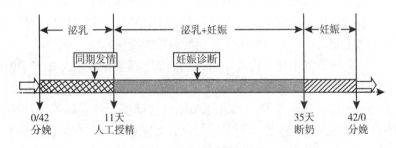

图 3-2　42 天繁殖模式图解

第四章
肉兔营养需要及饲料供应

一、营养物质的代谢与需要

（一）能　量

能量是肉兔最重要的营养要素之一，主要来源于日粮中易消化利用的碳水化合物和脂肪，不足部分动员体内储备和日粮中的蛋白质。消化能是目前国内外最为常用的有效能衡量单位。

与其他畜禽相比，肉兔单位体重的能量需要量较高，相当于肉牛的3倍。能量不足，会导致幼兔生长缓慢，体弱多病；母兔发情症状不明显，屡配不孕；哺乳母兔泌乳力降低，泌乳高峰期缩短；种公兔性欲降低，配种能力差。但过高的能量水平对肉兔健康和生产性能的发挥同样不利，如诱发魏氏梭菌病、妊娠毒血症、乳房炎以及性欲低下等病症或表现。故应针对肉兔的不同生理状态给予适宜的能量水平，以保证其健康和生产性能的正常发挥。

（二）蛋　白　质

蛋白质是肉兔一切生命活动的基础，对其生长和繁殖起着极为重要的作用。首先它是构成兔体肌肉、内脏、神经、结缔组织、血液、酶、激素、抗体、色素及皮、毛等产品的基本成分；其次是参与体内新陈代谢的调节，是修补体组织的必需物质；此外，蛋白质还可代替碳水化合物和脂肪供给能量。

蛋白质是肉兔生产效率和饲料利用率的主要限制因素。缺乏时，最突出的表现是幼兔生长缓慢，甚至停滞，体弱多病，死亡率高；母兔发情异常，受胎率低，怪胎、弱胎和死胎率高；哺乳母兔泌乳力降低，仔兔营养不良，死亡率高；种公兔性欲减退，精液品质下降。蛋白质营养不足是目前我国肉兔生产中普遍存在的问题，必须予以足够重视。当然，日粮中蛋白质含量也不宜过高，否则，不仅导致饲养成本的无形增加，造成不必要的资源浪费，而且会使代谢紊乱，诱发肠毒血症和魏氏梭菌病等。

蛋白质的营养效应很大程度上取决于其品质，即所含的氨基酸特别是必需氨基酸的种类、数量和比例。近40年的研究发现，肉兔的必需氨基酸有含硫氨基酸（蛋氨酸＋胱氨酸）、赖氨酸、精氨酸、组氨酸、亮氨酸、异亮氨酸、苯丙氨酸＋酪氨酸、苏氨酸、色氨酸、缬氨酸、甘氨酸等11种，而其中前3种为限制性氨基酸，含硫氨基酸是第一限制性氨基酸，赖氨酸为第二限制性氨基酸。如果使用劣质蛋白质饲料，其需要量应提高20%～50%。实践证明，"两饼（粕）""三饼（粕）"合理搭配，可充分发挥不同饼（粕）类氨基酸的互补作用，提高日粮蛋白质的生物学价值，同时可较为有效地降低饲养成本。

需要指出的是，肉兔盲肠微生物虽然有一定合成微生物蛋白的能力，但合成量较为有限。1只成年肉兔每天仅能合成约2克蛋白质，不足其日需要量的10%。

（三）粗纤维

粗纤维是由纤维素、半纤维素和木质素等组成，为克服粗纤维这一指标的不确切性，Spreadbury（1978）和 J.c.de Blas（1986）等建议用酸性洗涤纤维作为肉兔日粮不可消化纤维指标。与粗纤维这一指标相比，酸性洗涤纤维仅含纤维素和木质素，即肉兔最难消化的两大粗纤维组分。

肉兔盲肠较为发达，可容纳整个消化道内容物的 40%，且每克内容物中含有 $2.5 \times 10^8 \sim 2.9 \times 10^9$ 个微生物，是日粮粗纤维消化的适宜场所。但大量研究表明，肉兔对粗纤维的消化率仅为 12%～30%，远低于牛、羊等反刍家畜，通过盲肠微生物发酵作用所产生的挥发性脂肪酸所提供的能量仅相当于每天所需能量的 10%～20%。因此，对肉兔而言，粗纤维的作用并非在于它的营养供给，而主要是在维持食糜密度、消化道正常蠕动以及硬粪形成等方面所起的物理作用。

适宜的粗纤维水平，对保证肉兔健康以及良好地生长、繁殖至关重要。当粗纤维缺乏（低于 10%）时，虽然生长速度较快，但易发生消化紊乱，只排少量的硬粪球，主要为水分较多的非典型软粪，死亡率较高；当粗纤维严重缺乏（低于 6%）时，消化严重紊乱，极易诱发魏氏梭菌病等疾病，死亡率明显增加；而当粗纤维含量过高（超过 20%）时，会严重影响蛋白质等其他营养物质的消化吸收，降低生产性能，并可引发卡他性肠炎和毛球病等。

（四）脂　肪

脂肪主要特点是含可利用能量很高，消化能含量为 32.22 兆焦/千克，约为玉米的 2 倍，麦麸的 3 倍。但肉兔日粮中脂肪的主要营养作用不是作为能量来源，而是供给肉兔体内不能合成的十八碳二烯酸（亚油酸）、十八碳三烯酸（次亚麻油酸）、二十碳四烯酸（花生油酸）三种必需脂肪酸和作为脂溶性维生素 A、维生素 D、维生素 E、维生素 K 代谢的载体。

肉兔对脂肪的消化利用能力很强，表观消化率达 90% 以上。因肉兔对脂肪的需要量不高，通常情况下常规饲料均可满足需要，不必单独添加。

山东省农业科学院畜牧兽医研究所研究发现，在生长幼兔和哺乳母兔日粮中，特别是在冬、春季节，添加 1.5%～2.0% 的动、植物油，可促进幼兔生长，提高饲料转化率和母兔泌乳量。

（五）矿 物 质

矿物质是由无机元素组成，肉兔体内矿物质种类很多，功能各异，是保证肉兔健康及各种生产活动所必需。

1. 钙（Ca）、磷（P） 钙、磷除作为骨骼和牙齿的主要成分外，对母兔繁殖起着重要作用。此外，钙还参与磷、镁、氮等元素的代谢，神经和肌肉组织兴奋性的调节，心脏正常功能的维持等。磷还参与核酸、磷脂、磷蛋白、高能磷酸键、脱氧核糖核酸（DNA）和核糖核酸（RNA）的合成，调节蛋白质、碳水化合物和脂肪的代谢。钙、磷在代谢中关系密切，相互促进吸收，呈协同作用。因此，肉兔日粮中不仅应供给充足的钙、磷，而且二者应有适宜的比例。

钙、磷不足尤其是磷含量的缺乏是肉兔生产中常见的现象，主要表现为幼兔生长迟缓，患异嗜癖和佝偻病；成年兔易发骨软症；母兔发情异常，屡配不孕，并可导致产后瘫痪，严重者造成死亡。

肉兔有耐受高钙能力。有研究表明，即使钙磷比例为12：1时，也不会降低生长速度，且骨骼灰分含量正常，这是由于肉兔有区别于其他家畜的钙代谢方式，大量的钙经泌尿系统排出，体内储存的钙较少。

在磷的利用上，肉兔可借助盲肠微生物分泌的植酸酶，将植酸磷分解为有效磷，再通过吞食软粪被充分利用。但磷的含量不宜过高，如超过1%，或钙磷比例低于1.5：1时，会使日粮适口性降低，甚至导致拒食，诱发钙质沉着症。

在常规饲料中，草粉是钙的良好来源，麦麸是磷的良好来源。日粮中钙的不足，通常以石粉、贝壳粉等形式补充，而当缺磷或钙、磷均缺乏时，可补充骨粉、磷酸氢钙等。

2. 钠（Na）、钾（K）、氯（Cl）

（1）钠和氯 起着保持体液和酸碱平衡，维持体液渗透压，调节体液容量，参与胃酸和胆汁的形成，促进消化酶活性等作用。对水、脂肪、碳水化合物、蛋白质和矿物质的代谢产生重要的影响。缺乏时，饲料适口性差，肉兔胃肠消化功能和饲料利用效率均明显降低。幼兔被毛蓬乱，生长迟缓；成年兔体重减轻，繁殖率降低，泌乳量下降，并可引起异嗜癖。

因大多数植物性饲料中钠、氯含量较少，且肉兔没有储存钠的能力，故在生产上极易缺乏。一般以食盐形式添加，添加量为日粮的 0.5%；在夏、秋季节，如以青草为主，精料补充料中食盐添加量可提高到 0.7%～1.0%。但不宜超过 1%，以免发生中毒。

（2）钾 为维持体液渗透压和神经与肌肉组织兴奋活动所必需。钾是钠的拮抗物，日粮中钾与钠的比例为 2～3∶1 时对机体正常生命活动最为有利。据试验，肉兔日粮中钾含量为 1% 时，有助于提高粗纤维的消化能力和抗热应激能力。虽然肉兔对钾的需要量较高，不足时会引起肌肉营养不良症，但因植物性饲料中钾的含量很丰富，故在实际生产中缺钾的现象很少发生，一般不需单独添加。

3. 镁（Mg）、硫（S）、钴（Co）

（1）镁 肉兔体内约 70% 的镁存在于骨骼中，为骨骼正常发育所必需。镁也是肉兔体内焦磷酸酶、丙酮酸氧化酶、肌酸激酶和 ATP 酶等许多酶系统的激活剂，在碳水化合物、蛋白质、钙、磷、锰等代谢中起着重要作用。镁缺乏时，会导致幼兔生长发育不良，并出现痉挛和食毛癖现象。镁是钙、磷、锰的拮抗物，日粮中过量的钙、磷、锰对镁的吸收不利。因青绿饲料中镁的含量较低，在以青饲料为主的饲养方式下，可发现"缺镁食毛癖"，故应注意镁的添加。据张玉笙等试验，在生长幼兔日粮中添加 0.35% 的镁，不仅可预防食毛癖现象的发生，对幼兔的生长还有显著的促进作用。镁虽属常量元素，但一般不宜单独添加，否则会因配合不匀而影响钙、磷的吸收，降低采食量并引起腹泻。

（2）硫 是含硫氨基酸（蛋氨酸和胱氨酸）的主要组成成分之一。兔毛中含硫量约 5%，大部分以胱氨酸形式存在。硫的营养作用主要通过体内含硫有机物来实现，如含硫氨基酸对体蛋白和某些激素的合成；硫胺素参与碳水化合物的代谢等。因植物性饲料中含硫较为丰富，且肉兔可通过盲肠微生物的作用把无机硫（如硫酸盐等）转化为蛋白硫，故一般不发生缺硫现象。

（3）**钴**　是兔体正常造血功能和维生素 B_{12} 合成所必需的元素。在生产实践中，可通过添加含钴添加剂促进幼兔生长。

4. 铁（Fe）、铜（Cu）

（1）**铁**　主要存在于肝脏和血液中，是血红蛋白、肌红蛋白、血色素及各种组织呼吸酶的组成成分。铁不足，生长幼兔易发生低色素小细胞性贫血。初生仔兔体内储备大量铁，但由于奶中含量甚微，很快就会耗尽，故在仔兔早期补饲阶段就应开始注意铁的补给。否则会出现不易被人觉察的亚临床"缺铁性贫血症"。除块根类饲料外，大多数植物性饲料含铁丰富，在正常饲养条件下，成年肉兔一般不需额外补铁。

（2）**铜**　与铁协同作用，参与代谢。其主要作用是参与造血过程、组织呼吸、骨骼的正常发育、毛纤维角化和色素的沉着。铜不足会导致肉兔贫血，生长迟缓，黑色被毛变灰，局部脱毛，皮肤病等，还可降低繁殖力。日粮中过高水平的维生素 C 和钼可导致铜缺乏症的发生。国内外大量研究表明，高剂量铜（50～250 毫克 / 千克）具有显著地促进生长、改善饲料报酬和降低肠炎发病率的作用。肉兔对铜的耐受力很高，中毒剂量为每千克饲料含量 500 毫克，一般情况下，不会发生中毒现象。

5. 锌（Zn）、锰（Mn）、碘（I）

（1）**锌**　是多种酶的辅酶成分，参与蛋白质的代谢；作为胰岛素的成分，参与碳水化合物的代谢。此外，还对繁殖产生重要的影响。缺乏时，可导致幼兔生长受阻；公兔睾丸和副性腺萎缩，精子的形成受阻；母兔繁殖功能失常，发情、排卵、妊娠能力下降。当日粮中钙或植酸盐含量过高时，易发生锌缺乏症。在肉兔常用饲料中，除幼嫩的牧草、糠麸、饼（粕）类饲料含锌较丰富外，大多数植物性饲料含量较少，应注意锌的添加。

（2）锰　对肉兔的生长、繁殖和造血均起着重要的作用。缺乏时，可造成幼兔骨骼发育不良，如腿弯曲、骨脆、骨骼重量减轻等；种公兔曲精细管发生萎缩，精子数量减少，性欲减退，严重者可丧失配种能力；母兔发情异常，不易受胎或产弱小仔兔。在植物性饲料中，除玉米等子实类饲料含量较低外，大多数含锰较多。日粮中钙、磷、硫过多时，会影响锰的吸收。

（3）碘　主要用于合成甲状腺素，调节碳水化合物、蛋白质和脂肪的代谢。缺碘时，甲状腺增生肥大，甲状腺素分泌减少，影响幼兔生长和母兔繁殖。碘的缺乏有较强的区域性，另外，钙、镁含量过高，亦可引起缺碘症。大量饲喂十字花科植物和某些种类的三叶草，因含大量抑制碘吸收的氰酸盐，也可引起碘缺乏症。

6. 硒（Se）　硒作为谷胱甘肽过氧化酶的组成成分，有参与过氧化物的排除或解毒的作用。而维生素 E 具有限制过氧化物形成的功能。在营养上，维生素 E 和硒的关系甚为密切，肉兔能完全依赖维生素 E 的保护而免受过氧化物的损害，肉兔硒的缺乏症未曾有过报道。在缺硒地区，如在维生素 E 不缺乏的情况下，硒并非必须添加。

（六）维 生 素

维生素可分为脂溶性（包括维生素 A、维生素 D、维生素 E、维生素 K）和水溶性（包括 B 族维生素和维生素 C）两大类。由于肉兔的消化道特点和日粮类型，其维生素的需要一般较易满足。当日粮中含有 30%～60% 的优质草粉，如苜蓿粉等即可满足脂溶性维生素的需要，B 族维生素既可由日粮也可通过食粪获取，不足时会出现特有的缺乏症。肉兔对维生素的需要和利用能力与其品种、性别、生理状态以及饲养环境等因素有关。一般育成品种比地方品种需要多，幼兔比成年兔多，公兔比母兔多，妊娠母兔比空怀母兔多，病理状态（如患球虫病）比正常状态多，室内饲养比室外饲养多。

1. 维生素 A 当肉兔缺乏维生素 A 时，首先表现的是繁殖障碍，如公兔性欲降低，精液品质下降；母兔不发情或发情异常，胎儿被吸收、流产、早产、死胎率高。其次是幼兔食欲不振，生长停滞，死亡率高。此外，还可出现运动失调、瘫痪、斜颈等神经症状；眼结膜发炎，甚至失明；耳软骨形成受阻，缺乏支撑力，表现一侧或两侧耳营养性下垂。肉兔对维生素 A 的需要量一般为每千克日粮含量 8 000～10 000 国际单位。

在下列情况下，应注意维生素 A 的补充或增喂胡萝卜、大麦芽、冬牧 70 黑麦、豆芽等富含胡萝卜素的青绿多汁饲料：在冬季及早春缺青季节；在全年或长期利用颗粒饲料喂兔时；在低饲养条件下，特别是日粮蛋白质、脂肪含量较低时；在高强度配种期的种公兔和繁殖母兔。

日粮维生素 A 水平达到 5.64×10^5 国际单位 / 千克时，连续饲喂断奶至 2 月龄新西兰肉兔 1 周，出现中毒症状以至死亡。

2. 维生素 D 主要作用是调节日粮中钙、磷的吸收。缺乏时，主要引起佝偻病、骨软症和母兔产后瘫痪等。需要量为幼兔和成年母兔每千克体重 10 国际单位，公兔 5 国际单位；每千克日粮中含量应达到 500～1 250 国际单位。在室内笼养条件下，应特别注意维生素 D 的补充。

3. 维生素 E 又称生育酚。缺乏时，主要表现为繁殖障碍，如睾丸变性，性欲减退，死精或无精子；母兔发情异常，受胎率很低，死胎、流产；新生仔兔死亡率高。此外还可引起幼兔肌肉营养不良，引起运动失调、肝脂肪变性。肉兔对维生素 E 的需要量一般为每千克日粮 50 毫克。在某些特殊时期，尤其是夏季过后秋繁开始前 20 天，应给种公兔单独添加维生素 E 胶囊或富含维生素的添加剂。在梅雨季节，为预防肝球虫，在生长幼兔日粮中添加防球虫药的同时，应添加较高剂量（比正常增加 50%）的维生素 E。

4. 维生素 K 维生素 K 具有一种很特殊的新陈代谢功能，在凝血过程中必不可少，可以防止高产母兔流产和缓解幼兔肠球虫病产生的不良影响。因维生素 K 可由盲肠微生物合成，一般不会缺乏。但在妊娠母兔和梅雨季节，生长幼兔日粮中应注意维生素 K 的添加，推荐量为每千克日粮 2 毫克。

5. 维生素 C　肉兔一般不缺乏维生素 C，但在某种特殊环境条件下，如运输过后和炎热夏季，为减少应激反应，可在日粮中或饮水中添加维生素 C 制剂，添加量为每千克日粮 5 毫克。

6. B 族维生素　包括维生素 B_1、维生素 B_2、维生素 B_3、维生素 B_5、维生素 B_6、维生素 B_7、维生素 B_{11}、维生素 B_{12} 和胆碱等，属水溶性维生素，可由盲肠微生物合成，而且饲料中含量较为丰富，不易缺乏。但在下列情况下，为获得最佳生产性能或满足肉兔的特殊需要，应予以补充。

补饲仔兔和生长幼兔因消化道发酵作用不够充分，其 B 族维生素的合成能力不及成年肉兔。如条件允许，最好在日粮中添加复合 B 族维生素制剂。

梅雨季节，在生长幼兔日粮中添加维生素 B_6 400 毫克，具有减少球虫病的发病率、促进生长的效果。

因换料等原因引起肉兔食欲不振、消化不良时，可在饲料或饮水中添加维生素 B_1 和维生素 B_2 制剂。

（七）水

水是肉兔最重要的营养物质之一，但往往被肉兔饲养者所忽视。实践证明，供给充分而清洁的饮水，是肉兔健康生长和高效生产必不可少的物质保证。

肉兔日需水量一般为日粮干物质采食量的 1.5～2.5 倍，而哺乳母兔约为 3～5 倍，若供水不足，首先表现为食欲降低，进而会使种公兔性欲降低，精液品质下降；产后母兔吞食仔兔；哺乳母兔泌乳量不足，乳汁浓稠易使仔兔患急性肠炎；成年兔、青年兔肾炎发病率高；仔幼兔生长迟缓、消瘦。有研究表明，兔舍温度在 15℃～20℃条件下，如果仔兔得不到充足饮水，28 日龄断奶体重约比正常降低20%。当饮水量被限制25%～40%时，其体重较正常低33%～35%。

肉兔的需水量受品种、年龄、生理状态、季节、饲料特性等诸多因素影响。一般而言，优良品种较普通品种高，大型品种较中小型品种高，生长幼兔单位体重需水量较成年兔高，哺乳母兔较妊娠母兔饮水量高，夏季较其他季节高。如在30℃环境条件下，饮水量较20℃时约高50%，夏季哺乳母兔饮水量可高达1千克。喂颗粒饲料时需水量增加，在喂青绿多汁饲料时饮水量可适当减少，但绝不能不供水。在冬季忌给肉兔饮用冰水、雪水，最好饮用温水。满足肉兔饮水量的最佳途径是安装自动饮水装置。若采用定时饮水，每天应供水2次以上，夏季至少应增加1次。

二、肉兔各生理阶段的营养需要

（一）繁殖肉兔的营养需要

1. 种公兔的营养需要

（1）**非配种期** 这一时期种公兔的营养需要主要应视其体况而定。对体况良好的种公兔，应给予维持需要或比维持需要略高的营养，每千克日粮的消化能水平以9.20～9.62兆焦、粗蛋白质水平以13%～14%为宜。切忌营养水平特别是能量水平过高，否则，会导致公兔过胖，睾丸发生脂肪变性，严重削弱配种能力。对体况较差的种公兔，应视具体情况，给予较高的营养水平的日粮，以利复膘。不能因为公兔暂时不配种，就不给予足够的营养。由于精子形成需要较长的时间，因此应特别注意种公兔营养需要的长期性和均衡性。

（2）**配种期** 确定配种期公兔营养需要的主要依据是其配种强度的高低和精液品质的优劣。据测定，在日配种2次、连续2天休息1天的配种强度下，不同品种公兔每次射精量变化范围为

0.5～1.5毫升，高者达2.0毫升，平均1.0毫升，每毫升含精子几千万至几亿个不等。要保持种公兔充沛的精力、高度的性反射、较多的射精量和优良的精液品质，就必须供给足够的各种营养物质。配种期种公兔的日粮调整最好从配种前12～20天开始。

①能量　配种期种公兔对能量的需要量不宜过高，适宜的能量水平为每千克日粮中含消化能10.46兆焦，与妊娠母兔相当。

②蛋白质　蛋白质水平和品质直接影响激素的分泌和精液品质，蛋白质不足是目前肉兔生产中种公兔配种效率低下的主要原因。配种期种公兔日粮中粗蛋白质适宜含量为15%～17%，并注意蛋白质品质。

③维生素　多种维生素与种公兔的配种能力和精液品质有着密切关系。如长期缺乏维生素A、维生素E，可导致种公兔性欲降低，精液密度降低，畸形率增高。维生素D缺乏，会影响机体对钙、磷的利用，间接影响精液品质。配种期种公兔日粮中，应含维生素A 10 000～12 000国际单位、维生素E 50毫克、维生素D 800～1 000国际单位。

④矿物质　钙、磷、锌、镁和锰等矿物质元素的缺乏亦会给精液品质带来不良影响。配种期种公兔日粮中，适宜的钙、磷含量分别为1.0%、0.5%～0.6%，并添加富含锌、镁、锰等元素的专用添加剂。

2. 空怀母兔的营养需要　空怀母兔的营养需要主要根据繁殖强度和母兔的体况而定。对采用频密和半频密繁殖、体况较差的空怀母兔，应加强营养，补饲催情。每千克日粮中消化能水平为10.46～11.51兆焦，粗蛋白质水平为15%～16%。而对年繁5窝以下、繁殖强度不高、体况良好的空怀母兔，应给予维持需要或仅比维持需要略高的营养水平，每千克日粮中消化能水平以9.20～9.62兆焦，粗蛋白质水平以13%～14%为宜。切忌营养特别是能量水平过高，使卵巢和输卵管周围沉积大量脂肪，影响母兔的发情、排卵和受胎。

3. 妊娠母兔的营养需要 由于妊娠母兔对营养物质的利用率较高，在体内具有较强的储备营养物质的能力。因此，妊娠母兔对营养物质的需要量，并不像大多数人想象得那么多。山东省农业科学院畜牧兽医研究所研究发现，妊娠母兔营养水平较高时，会对其产仔性能不利。另据报道，营养水平过高是诱发母兔妊娠毒血症的最主要原因。妊娠母兔适宜的营养水平为：每千克日粮中含消化能10.46兆焦、粗蛋白质16%、粗纤维14%～15%、粗脂肪2%～3%、钙1%、磷0.5%～0.6%，并添加富含维生素和微量元素的专用添加剂。

4. 哺乳母兔的营养需要 哺乳母兔的营养需要主要取决于其泌乳性能的高低。它对仔兔的生长发育、哺乳期间自身的体重变化以及健康状况等起着至关重要的作用。

哺乳母兔的泌乳量在整个泌乳周期呈抛物线状变化。兔乳中各种营养物质含量是其他家畜乳的2～3倍，可满足仔兔快速生长发育的需要，至3周龄前，仔兔每增重1千克需1.7～2.0千克的兔乳。

哺乳母兔每日营养需要量为：体重（千克）×（维持需要量＋泌乳需要量）。哺乳母兔每千克活重维持需要量消化能约为0.40兆焦，可消化粗蛋白质约为2.0克；每千克体重每产1克奶需消化能0.016兆焦，可消化粗蛋白质0.17克；则体重4.5千克、日产奶180克即每千克体重日产40克奶的母兔，其消化能需要量为：4.5×（0.40+0.016×40）=4.68（兆焦），可消化蛋白质需要量为：4.5×（2.0+0.17×40）=39.60（克）。

据山东省农业科学院畜牧兽医研究所等研究，哺乳母兔的适宜营养供给量为：每千克日粮含消化能为11.51～12.13兆焦、粗蛋白质18%～20%、粗纤维10%～12%、粗脂肪3%～5%、钙1.0%～1.2%、磷0.6%～0.8%、赖氨酸0.8%、含硫氨基酸0.7%、精氨酸0.8%～1.0%、钠0.2%、氯0.3%、钾0.6%、镁0.04%、铜10～50毫克、铁50～100毫克、碘0.2毫克、锰50毫克、锌70毫克、维生素A 8 000～10 000国际单位、维生素D 800国际单位、维生素 E 50 毫克。

（二）仔、幼兔的营养需要

1. 补饲阶段仔兔的营养需要 仔兔出生 15～18 天后便会跳出产仔箱，开始寻觅固体饲料，此时可给予少量营养丰富且易消化的鲜嫩青绿饲料诱食，3 周龄后应根据仔兔营养需要及消化生理特点，专门配制营养丰富的仔兔补饲料。与完全依赖哺乳的仔兔相比，补饲仔兔采食颗粒饲料时摄取的干物质较多。以新西兰白兔为例，仔兔 3 周龄时，母兔平均日泌乳量约为 181 克，每只仔兔仅能采食 20～30 克乳汁，相当于 6～10 克干物质，这对于一只正处在迅速生长发育期的仔兔是远远不够的。与之相比，3 周龄的补饲仔兔每天多采食干物质 5～35 克，4 周龄时可多采食 30～60 克，可以补偿因实行早期（28 日龄）和超早期（23～25 日龄）断奶后而造成的生长速度降低。据试验，自补饲阶段自由采食全价颗粒饲料，分别于 28 日龄、35 日龄和 42 日龄不同时间断奶的幼兔，12 周龄出栏体重无明显差异。

目前，国内外对补饲仔兔营养需要的研究报道很少，国外多采用"母仔料"方式对仔兔补料，该方式的优点是简化了喂养程序，提高了劳动效率，但并不能发挥仔兔最大生长速度。山东省农业科学院畜牧兽医研究所通过大量重复试验，提出补饲仔兔的营养需要量：每千克日粮含消化能 11.51～12.13 兆焦、粗蛋白质 20%、粗纤维 8%～10%、粗脂肪 3%～5%、钙 1.2%、磷 0.6%～0.8%、赖氨酸 1.0%、含硫氨基酸 0.7%、精氨酸 0.8%～1.0%、钠 0.2%、氯 0.3%、钾 0.6%、镁 0.04%、铜 50～200 毫克、铁 100～150 毫克、锰 30～50 毫克、锌 50～100 毫克、碘 0.2 毫克、维生素 A 10 000 国际单位、维生素 D 1 000 国际单位、维生素 E 50 毫克。

2. 生长幼兔的营养需要 生长幼兔的营养需要主要应根据断奶体重、预期达到的生长速度和出栏体重而定。据试验，25～84 日龄日增重 30～40 克的新西兰幼兔，每天需消化能 980.73～1 347.67

千焦，可消化蛋白质 10.0～13.7 克。每增重 1 克需消化能 28.20～
40.01 千焦，可消化蛋白质 0.29～0.41 克（表 4-1）。

表 4-1　新西兰幼兔每天消化能和可消化蛋白质需要量

出栏体重（千克）	断奶体重（千克）	生长速度（克/天）					
		30		35		40	
		消化能（千焦/千克）	可消化蛋白质（克）	消化能（千焦/千克）	可消化蛋白质（克）	消化能（千焦/千克）	可消化蛋白质（克）
2.00	0.40	980.73	10.0	1054.37	10.7	1128.01	11.5
	0.50	1000.39	10.2	1074.03	10.9	1147.67	11.7
	0.60	1020.06	10.4	1093.70	11.1	1167.34	11.9
	0.70	1039.72	10.6	1113.36	11.3	1187.00	12.1
2.25	0.40	1062.32	10.8	1136.37	11.6	1210.01	12.3
	0.50	1081.56	11.0	1155.62	11.8	1229.26	12.5
	0.60	1100.89	11.2	1174.87	11.9	1248.51	12.7
	0.70	1120.06	11.4	1194.11	12.1	1267.75	12.9
2.50	0.40	1143.91	11.6	1217.54	12.4	1291.18	13.1
	0.50	1162.73	11.8	1236.37	12.6	1310.01	13.3
	0.60	1181.56	12.0	1255.20	12.8	1328.84	13.5
	0.70	1200.39	12.2	1274.03	13.0	1347.67	13.7

　　山东省农业科学院畜牧兽医研究所研究表明，生长幼兔每千
克日粮中消化能含量以 10.46～11.51 兆焦、粗蛋白质 16%～18%、
粗纤维 10%～14%、粗脂肪 3%～5%、钙 1.0%、磷 0.5%～0.6%、
含硫氨基酸 0.6%、钠 0.2%、氯 0.3%、镁 0.04%、铜 50～200 毫克、
铁 100～150 毫克、锰 30～50 毫克、锌 50～100 毫克、碘 0.2 毫克、
维生素 A 10 000 国际单位、维生素 D 1 000 国际单位、维生素 E 50
毫克为宜。

三、肉兔饲养标准

目前，我国尚无肉兔饲养国家标准。在实际生产中，多参考法国 F. Lebas 标准和美国 NRC 标准（表 4-2，表 4-3）。

表 4-2　法国 F. Lebas 肉兔饲养标准 （1980）

营养指标	4～12周龄生长幼兔	哺乳兔	妊娠兔	维持量	母仔兔
消化能（兆焦/千克）	10.46	11.30	10.46	9.20	10.46
代谢能（兆焦/千克）	10.04	10.88	10.04	8.87	10.08
粗蛋白质（%）	15	18	18	13	17
粗脂肪（%）	3	5	3	3	3
粗纤维（%）	14	12	14	15～16	14
不消化纤维（%）	12	10	12	13	12
钙（%）	0.5	1.1	0.8	0.6	1.1
磷（%）	0.3	0.8	0.5	0.4	0.8
钾（%）	0.8	0.9	0.9		0.9
钠（%）	0.4	0.4	0.4		0.4
氯（%）	0.4	0.4	0.4		0.4
镁（%）	0.03	0.04	0.04		0.04
硫（%）	0.04				0.04
钴（毫克/千克）	1.0	1.0			1.0
铜（毫克/千克）	5.0	5.0			5.0
含硫氨基酸（%）	0.50	0.60			0.55
赖氨酸（%）	0.60	0.75			0.70
精氨酸（%）	0.90	0.80			0.90
苏氨酸（%）	0.55	0.70			0.60
色氨酸（%）	0.18	0.22			0.20
组氨酸（%）	0.35	0.43			0.40
异亮氨酸（%）	0.60	0.70			0.65
苯丙＋酪氨酸（%）	1.20	1.40			1.25

续表 4-2

营养指标	4～12周龄生长幼兔	哺乳兔	妊娠兔	维持量	母仔兔
缬氨酸（%）	0.70	0.85			0.80
亮氨酸（%）	1.50	1.25			1.20

表 4-3　美国 NRC 肉兔饲养标准 （1994 修订）

营养指标	生 长	维 持	妊 娠	泌 乳
消化能（兆焦/千克）	10.46	8.79	10.46	10.46
总消化养分（%）	65	55	58	70
粗纤维（%）	10～12	14	10～12	10～12
脂肪（%）	2	2	2	2
粗蛋白质（%）	16	12	15	17
钙（%）	0.40		0.45	0.75
磷（%）	0.22		0.37	0.50
镁（毫克）	300～400	300～400	300～400	300～400
钾（%）	0.6	0.6	0.6	0.6
钠（%）	0.2	0.2	0.2	0.2
氯（%）	0.3	0.3	0.3	0.3
铜（毫克）	3	3	3	3
碘（毫克）	0.2	0.2	0.2	0.2
锰（毫克）	8.5	2.5	2.5	2.5
维生素 A（国际单位/千克）	580		>1160	
胡萝卜素（毫克）	0.83		0.83	
维生素 E（毫克）	40		40	40
维生素 K（毫克）			0.2	
烟酸（毫克）	180			
维生素 B_6（毫克）	39			
胆碱（克）	1.2			
赖氨酸（%）	0.65			
含硫氨基酸（%）	0.6			
精氨酸（%）	0.6			

续表 4-3

营养指标	生 长	维 持	妊 娠	泌 乳
组氨酸（％）	0.3			
亮氨酸（％）	1.1			
异亮氨酸（％）	0.6			
苯丙＋酪氨酸（％）	1.1			
苏氨酸（％）	0.6			
色氨酸（％）	0.2			
缬氨酸（％）	0.7			

山东省农业科学院畜牧兽医研究所试验兔场通过多年试验，总结提出了肉兔全价料建议营养浓度（表4-4）。

表4-4 肉兔全价料建议营养浓度
（山东省农业科学院畜牧兽医研究所，1992）

营养指标	补料仔兔	断奶幼兔	妊娠兔	哺乳兔	空怀兔	种公兔
消化能（兆焦/千克）	11.51～12.13	10.46～11.51	10.46	11.51～12.13	9.62	10.46
粗蛋白质（％）	20	18～16	16	18～20	14	15～16
粗纤维（％）	8～10	10～14	14～15	10～12	16～20	14～15
粗脂肪（％）	3～5	3～5	2～3	3～5	2	2～3
钙（％）	1.2	1.0～1.2	1.0	1.2	0.5～0.6	1.0
磷（％）	0.6～0.8	0.5～0.6	0.5～0.6	0.6～0.8	0.3	0.5～0.6
赖氨酸（％）	1.0	1.0	0.6	0.8		0.7
含硫氨基酸（％）	0.7	0.6	0.5			0.5
精氨酸（％）	0.8～1.0	0.8～1.0	0.7～0.9	0.8～1.0		0.8～0.9
钠（％）	0.2	0.2	0.2	0.2	0.2	0.2
氯（％）	0.3	0.3	0.3	0.3	0.3	0.3
镁（％）	0.04	0.04	0.04	0.04	0.03	0.04
铜（毫克/千克）	50～200	50～200	10	10～50		20
铁（毫克/千克）	100～150	100～150	50	50～100		50

续表 4-4

营养指标	补料仔兔	断奶幼兔	妊娠兔	哺乳兔	空怀兔	种公兔
锌（毫克/千克）	50～100	50～100	50	70		70
锰（毫克/千克）	30～50	30～50	50	50		50
维生素 A（国际单位/千克）	8 000～10 000	8 000～1 000	8 000	8 000～10 000	8 000	10 000～12 000
维生素 D（国际单位/千克）	1 000	1 000	900	1 000		1 000
维生素 E（毫克/千克）	50	50	50	50	50	50～100

  由山东农业大学等单位起草的山东省地方标准《DB37/T 1835-2011 肉兔饲养标准》于 2011 年 5 月 1 日发布实施，肉兔不同生理阶段饲养标准见表 4-5。

表 4-5 肉兔不同生理阶段饲养标准

指 标	生长肉兔		妊娠母兔	泌乳母兔	空怀母兔	种公兔
	断奶～2月龄	2月龄～出栏				
消化能（兆焦/千克）	10.5	10.5	10.5	10.8	10.2	10.5
粗蛋白质（%）	16.0	16.0	16.5	17.5	16.0	16.0
总赖氨酸（%）	0.85	0.75	0.80	0.85	0.70	0.70
总含硫氨基酸（%）	0.60	0.55	0.60	0.65	0.55	0.55
精氨酸（%）	0.80	0.80	0.80	0.90	0.80	0.80
粗纤维（%）	≥ 16.0	≥ 16.0	≥ 15.0	≥ 15.0	≥ 15.0	≥ 15.0
中性洗涤纤维（NDF，%）	30～33	27～30	27～30	27～30	30～33	30～33
酸性洗涤纤维（ADF，%）	19～22	16～19	16～19	16～19	19～22	19～22
酸性洗涤木质素（ADL，%）	5.5	5.5	5.0	5.0	5.5	5.5
淀粉（%）	≤ 14	≤ 20	≤ 20	≤ 20	≤ 16	≤ 16

续表 4-5

指标	生长肉兔		妊娠母兔	泌乳母兔	空怀母兔	种公兔
	断奶～2月龄	2月龄～出栏				
粗脂肪（%）	3.0	3.5	3.0	3.0	3.0	3.0
钙（%）	0.6	0.6	1.0	1.1	0.6	0.6
磷（%）	0.4	0.4	0.5	0.5	0.4	0.4
钠（%）	0.22	0.22	0.22	0.22	0.22	0.22
氯（%）	0.25	0.25	0.25	0.25	0.25	0.25
钾（%）	0.8	0.8	0.8	0.8	0.8	0.8
镁（%）	0.03	0.03	0.04	0.04	0.04	0.04
铜（毫克/千克）	10.0	10.0	20.0	20.0	20.0	20.0
锌（毫克/千克）	50.0	50.0	60.0	60.0	60.0	60.0
铁（毫克/千克）	50.0	50.0	100.0	100.0	70.0	70.0
锰（毫克/千克）	8.0	8.0	10.0	10.0	10.0	10.0
硒（毫克/千克）	0.05	0.05	0.10	0.10	0.05	0.05
碘（毫克/千克）	1.0	1.0	1.1	1.1	1.0	1.0
钴（毫克/千克）	0.25	0.25	0.25	0.25	0.25	0.25
维生素A（国际单位/千克）	12 000	12 000	12 000	12 000	10 000	12 000
维生素E（毫克/千克）	50.0	50.0	100.0	100.0	100.0	100.0
维生素D（国际单位/千克）	900	900	1 000	1 000	1 000	1 000
维生素K3（毫克/千克）	1.0	1.0	2.0	2.0	2.0	2.0
维生素B1（毫克/千克）	1.0	1.0	1.2	1.2	1.0	1.0
维生素B2（毫克/千克）	3.0	3.0	5.0	5.0	3.0	3.0
维生素B6（毫克/千克）	1.0	1.0	1.5	1.5	1.0	1.0
维生素B12（微克/千克）	10.0	10.0	12.0	12.0	10.0	10.0
叶酸（毫克/千克））	0.2	0.2	1.5	1.5	0.5	0.5
尼克酸（毫克/千克））	30.0	30.0	50.0	50.0	30.0	30.0
泛酸（毫克/千克））	8.0	8.0	12.0	12.0	8.0	8.0
生物素（微克/千克）	80.0	80.0	80.0	80.0	80.0	80.0
胆碱（毫克/千克）	100.0	100.0	200.0	200.0	100.0	100.0

四、常用饲料原料及营养价值

（一）常用饲料原料

肉兔标准化生产中常用饲料可分为粗饲料、能量饲料、蛋白质饲料、矿物质饲料和饲料添加剂等。

粗饲料是肉兔全价配合日粮中用量最多、对肉兔生产影响最大的一类饲料原料，其选择的主要依据是营养价值和饲料卫生状况。宜首选苜蓿草粉和花生秧等营养价值较高的优质豆科牧草（秸秆、树叶），其次是优质青干草，而小麦秸、棉花秸、花生壳等品质很差的粗饲料不宜使用。

蛋白质饲料可分为植物性蛋白饲料、动物性蛋白饲料和单细胞蛋白质饲料。以大豆饼粕、棉籽饼粕及花生饼粕等植物性蛋白质饲料最为常用，在全价日粮中的比例为15%～20%，在精料补充料中为25%～35%。动物性蛋白质饲料因受兔肉出口的限制，不提倡使用。

能量饲料主要包括谷实类饲料、糠麸类和油脂等。肉兔日粮中应至少有两种以上的能量饲料搭配使用，所占的比例应视营养和成本等因素综合考虑。玉米的比例一般为15%～30%，在生长幼兔日粮中可适当添加动植物油，添加量一般为1%～2%。

矿物质饲料主要包括食盐和磷酸氢钙等。食盐在全价日粮中的含量一般为0.5%，夏季可提高至0.7%～1.0%；磷酸氢钙等类饲料1.0%～1.5%。

饲料添加剂主要包括维生素类、氨基酸类、微量元素、驱虫保健剂和饲料防腐剂等。维生素类添加剂通常在常年饲喂全价颗粒饲料、室内笼养、淡青季节、高频密配种期或为防治某些疾病需要等情况下添加。氨基酸类添加剂中以蛋氨酸和赖氨酸最常用，一般仅用于幼兔，以促进幼兔生长。微量元素添加剂中主要含铜、铁、锌、锰、碘、硒、钴等元素。

（二）常用饲料原料营养成分表

肉兔常用饲料营养成分见表 4-6。

表 4-6　肉兔常用饲料营养成分表

饲料原料	干物质（%）	消化能		粗蛋白质（%）	粗纤维（%）	粗脂肪（%）	钙（%）	磷（%）	赖氨酸（%）	蛋＋胱氨酸（%）	苏氨酸（%）
		（兆焦/千克）	（兆卡/千克）								
粗　饲　料											
苜蓿草粉（中等品质）	89.6	6.57	1.57	15.7	13.9	1.00	1.25	0.23	0.61	0.36	0.64
青干草粉（中等品质）	90.6	2.47	0.59	8.9	33.7	1.10	0.54	0.25	0.31	0.21	0.32
紫云英草粉	88.0	6.86	1.64	22.3	19.5	4.60	1.42	0.43	0.85	0.34	0.83
花生秧粉	90.9	6.90	1.65	12.2	21.8	1.20	2.80	0.10	0.40	0.27	0.32
地瓜秧粉	88.0	5.23	1.25	8.1	28.5	2.70	1.55	0.11	0.26	0.16	0.27
大豆秸粉	93.2	0.71	0.17	8.9	39.8	1.00	0.87	0.05	0.31	0.12	1.08
玉米秸粉	88.8	2.30	0.55	3.3	33.4	0.90	0.67	0.23	0.25	0.07	0.10
槐叶粉	90.6	10.54	2.52	23.0	12.9	3.20	1.40	0.40	1.45	0.82	1.17
能量饲料											
玉　米	88.4	14.48	3.46	8.6	2.0	2.80	0.04	0.21	0.27	0.31	0.31
高　粱	87.0	14.10	3.37	8.5	1.5	4.10	0.09	0.36	0.22	0.20	0.25
小　米	87.7	12.84	3.07	12.0	1.3	2.70	0.04	0.27	0.15	0.47	0.34
稻　谷	88.6	11.59	2.77	6.8	8.2	1.90	0.03	0.27	0.31	0.22	0.28
碎　米	87.6	14.69	3.51	6.9	1.2	3.20	0.14	0.25	0.34	0.36	0.29
大　米	87.5	14.31	3.42	8.5	0.8	0.80	0.06	0.21	0.15	0.24	0.34
大　麦	88.0	12.18	2.91	10.5	6.5	2.00	0.08	0.30	0.37	0.35	0.36
小　麦	86.1	13.60	3.25	11.1	2.4	2.40	0.05	0.32	0.33	0.44	0.34
黑　麦	87.0	12.84	3.07	11.3	8.0	1.80	0.05	0.48	0.47	0.32	0.35
青　稞	87.0	13.56	3.24	9.9	2.8	1.80	0.00	0.42	0.43	0.34	0.33
甘薯粉	89.0	14.43	3.45	3.1	2.3	1.30	0.34	0.11	0.14	0.09	0.15

续表 4-6

| 饲料原料 | 干物质（%） | 消化能 | | 粗蛋白质（%） | 粗纤维（%） | 粗脂肪（%） | 钙（%） | 磷（%） | 赖氨酸（%） | 蛋＋胱氨酸（%） | 苏氨酸（%） |
		（兆焦/千克）	（兆卡/千克）								
小麦麸	87.9	10.59	2.53	13.5	9.2	3.70	0.22	1.09	0.47	0.33	0.45
蛋白质饲料											
大　豆	88.8	16.57	3.96	37.1	5.1	16.30	0.25	0.55	2.30	0.95	1.41
大豆粕	89.6	13.10	3.13	45.6	5.4	1.20	0.26	0.57	2.54	1.16	1.85
大豆饼	88.2	13.56	3.24	41.6	5.7	5.40	0.32	0.50	2.45	1.08	1.74
花生粕	92.0	12.30	2.93	47.4	13.0	2.40	0.20	0.65	2.30	1.21	1.50
花生饼	89.6	14.06	3.36	43.8	5.3	8.00	0.33	0.58	1.35	0.94	1.23
黑豆饼	88.0	13.60	3.25	39.8	6.9	4.90	0.42	0.27	2.46	0.74	1.19
芝麻粕	91.7	14.02	3.35	35.4	7.2	1.10	1.49	1.16	0.86	1.43	1.32
棉籽粕	89.8	10.13	2.42	32.6	13.6	7.50	0.23	0.90	1.11	1.30	1.55
棉仁饼	92.2	11.55	2.76	32.3	15.1	6.80	0.36	0.81	1.29	0.74	1.15
菜籽粕	89.8	11.46	2.74	41.4	11.8	0.90	0.79	0.98	1.11	1.30	1.55
菜籽饼	92.2	11.60	2.77	37.4	10.7	7.80	0.61	0.95	1.23	1.22	1.52
蓖麻粕	80.0	8.79	2.10	31.4	33.0	1.10	0.32	0.86	0.87	0.82	0.91
椰子饼	91.2	11.21	2.68	24.7	14.4	15.10	0.04	0.06	0.51	0.53	0.58
向日葵粕	90.3	10.88	2.60	35.7	22.8	1.60	0.40	0.50	1.17	1.36	1.50
向日葵饼	89.0	7.61	1.82	31.5	19.8	7.00	0.40	0.40	1.13	1.66	1.22
玉米胚饼	91.8	13.50	3.22	16.8	5.5	8.70	0.04	1.48	0.69	0.57	0.62
米糠饼	89.9	11.51	2.75	14.9	12.0	7.30	0.14	1.02	0.52	0.42	0.52
进口鱼粉	89.0	15.52	3.71	60.5	0.0	2.00	3.91	2.90	4.35	2.21	2.35
国产鱼粉	91.2	14.27	3.41	55.1	0.0	8.90	4.59	1.17	3.64	1.95	2.22
血　粉	89.3	10.92	2.61	78.0	0.0	1.40	0.30	0.23	8.07	1.14	2.78
蚕　蛹	90.5	20.71	4.95	54.6	0.0	22.00	0.02	0.53	3.07	1.23	1.86
水解羽毛粉	90.0	14.31	3.42	85.0	0.0	/	0.04	0.12	1.70	4.17	4.50
玉米蛋白粉	92.3	15.02	3.59	25.4	1.4	6.00	0.12	1.53	0.53	0.62	0.00
饲料酵母	91.1	16.61	3.97	45.5	5.1	1.60	1.15	1.27	2.57	1.00	2.18
青绿多汁饲料											
苜蓿草	19.6	2.22	0.53	4.6	5.0	0.80	0.20	0.06	0.21	0.10	0.24

续表 4-6

饲料原料	干物质（%）	消化能		粗蛋白质（%）	粗纤维（%）	粗脂肪（%）	钙（%）	磷（%）	赖氨酸（%）	蛋+胱氨酸（%）	苏氨酸（%）
		（兆焦/千克）	（兆卡/千克）								
黑麦草	18.0	2.55	0.61	2.4	4.2	0.50	0.13	0.05	0.16	0.09	0.13
甘薯秧	13.0	1.13	0.27	2.1	2.5	0.50	0.20	0.05	0.07	0.03	0.07
胡萝卜	13.4	2.13	0.51	1.3	0.8	0.30	0.53	0.06	0.03	0.03	0.00
甘 薯	25.0	3.68	0.88	1.0	0.9	0.30	0.13	0.05	0.13	0.11	0.00
矿物质饲料											
磷酸氢钙	99.0	0.00	0.00	0.00		0.00	21.00	16.50	0.00	0.00	0.00
骨 粉	99.0	0.00	0.00	0.00		0.00	30.12	13.46	0.00	0.00	0.00
石 粉	99.0	0.00	0.00	0.00		0.00	35.00	0.00	0.00	0.00	0.00

备注：因品种、产地、收获季节、加工工艺及贮存方法等的不同，部分饲料的主要营养成分含量会有一定的差异，该表各值仅供参考，生产中应根据具体情况进行取舍。在有条件的规模化兔场，最好对品质差异较大的饲料原料，如豆粕和花生粕等蛋白质饲料、花生秧粉和苜蓿粉等粗饲料，在每次采购时取样化验，以获取更为准确的数据资料。

五、饲料加工与仓储

（一）饲料加工

1. 粉碎与浸泡、压扁　粉碎是粗饲料和谷物饲料加工最为常用的方法，各种粗饲料和谷物饲料的粉碎粒度，粗饲料以 2～5 毫米、谷物饲料以 1～2 毫米为宜。

小麦、大麦营养较为全面，肉兔也较为喜食。对补饲仔兔，可经浸泡 4～8 小时后，沥水、压扁，待晾干后即可饲喂。

2. 蒸煮与焙炒　豆类子实及生豆饼（粕）等，因含抗胰蛋白酶，必须经蒸煮或焙炒等加热处理后饲喂，以破坏其有害成分，提高消化利用率。

3. 发芽　在冬春缺青季节，可用大麦、小麦等发芽，当芽长至3～5厘米时便可利用，麦芽中的维生素含量较为丰富。

4. 去毒　棉仁饼、菜籽饼因含多种有毒物质，使用前应去毒处理。棉仁饼比较简单易行的解毒方法是，根据饼（粕）中游离棉酚的含量（螺旋压榨、加热，0.069%；预压浸提、加热，0.063%；浸提、未加热，0.159%；土榨，0.213%），在日粮配合时添加5倍量的七水硫酸亚铁（$FeSO_4 \cdot 7H_2O$）混合均匀，即可保证日粮中游离棉酚的含量低于0.006%（60毫克/千克饲料），避免引起中毒。

菜籽饼常用的解毒方法主要有水洗法（饼重4倍量的80℃热水浸泡1～2天）、碱处理法（用占饼重1/5的10%的生石灰水泡4～6小时）、发酵法（饼、水按1∶4发酵1天）、坑埋法（用等量水拌匀，放入坑内，垫5厘米厚的麦秸或稻草及30厘米厚的土，埋2个月）等。

5. 颗粒饲料的加工　与同配方的粉状料相比，饲喂颗粒饲料可减少饲料浪费，提高饲料利用率20%～40%，降低发病率10%以上，提高日增重18%～20%。

在小规模化肉兔场，可根据生产规模购买相应规格的小型颗粒饲料加工机自行加工。因在压制过程中，温度可高达80℃～100℃，刚压制出的颗粒料带有潮气，应及时在干净的水泥地面上摊开晾干，待干后即可包装、入库，防止因水分含量高而引起饲料发霉变质。颗粒饲料加工过程中应严格掌握用水量，使粉化率低于5%，颗粒饲料的直径以3～5毫米、长度为10毫米左右为宜。

专门从事饲料加工的企业配备成套的颗粒饲料机组，包括原料粉碎、计量、投料、混合、制粒、烘干（风干）、包装和清理等各个过程都由事先设计好的程序控制。

（二）常用饲料原料在日粮配方中适宜的含量范围

饲料原料的选择与使用比例一般根据其种类、适口性、价格和品质等因素综合考虑。常用饲料在全价配合日粮和精料补充料中适宜的含量范围详见表4–7。

表 4-7 常用饲料原料在全价配合日粮和精料补充料中适宜的含量范围

饲料原料	含量范围	
	全价配合日粮	精料补充料
能量饲料	40%～65%	65%～75%
玉 米	20%～35%	20%～40%
小 麦	20%～35%	20%～40%
麦 麸	10%～30%	20%～40%
大 麦	20%～40%	20%～40%
高 粱	5%～10%	10%～15%
动植物油	1%～2%	3%～4%
蛋白质饲料	15%～20%	25%～30%
豆粕（饼）	15%～20%	20%～25%
花生粕（饼）	10%～15%	15%～20%
解毒过的棉仁粕（饼）（非繁殖兔）	5%～8%	8%～12%
解毒过的菜籽粕（饼）（非繁殖兔）	5%～8%	8%～12%
粗饲料	20%～60%	/
优质苜蓿粉（初花期）（CP>17%）	40%～60%	/
中等苜蓿粉（13%<CP<17%）	30%～50%	/
普通苜蓿粉（CP<13%）	25%～45%	/
花生秧	20%～45%	/
地瓜秧	20%～40%	/
豆 秸	20%～35%	/
玉米秸（上 1/3 部分和玉米叶）	20%～30%	/
刺槐叶粉（CP>18%）	40%～60%	/
普通青干草	20%～45%	/
矿物质饲料	2%～3%	3%～4%
食 盐	0.5%～0.7%	0.7%～1.0%
磷酸氢钙	1.0%～1.5%	2.0%～3.0%

续表 4-7

饲料原料	含量范围	
	全价配合日粮	精料补充料
石　粉	1%～2%	2%～3%
贝壳粉	1%～2%	2%～3%
添加剂预混料	1%	2%～3%

*CP 为粗蛋白质。

（三）饲料的仓储

1. 饲料原料的仓储

（1）大宗饲料原料的仓储 苜蓿草粉、花生秧粉等粗饲料，玉米、小麦、大麦等谷物子实，麦麸、小麦次粉等糠麸类，豆粕（饼）、花生粕（饼）等植物性蛋白质饲料是肉兔日粮配合最为常用的 4 类大宗原料，占日粮比例的 95% 以上，其中苜蓿草粉、花生秧粉等粗饲料用量最大，占饲料总用量的 30%～50%。因此，做好大宗饲料原料的贮存工作，确保饲料原料的优质、及时、足量供给，是保障兔场饲养管理工作安全运转的前提。规模化肉兔场应根据肉兔存栏和出栏量计算出每年度（季度、月）的安全需要量，配套建设一定面积的贮存仓库，对达到入库标准的饲料原料，采用适当的方法贮存，重点是做好防潮、通风换气以及防虫害、鼠害等工作，以保持原料的原有品质，防止发霉变质。

大宗饲料原料的贮存一般是根据贮存饲料原料的种类及特点，合理安排贮存时间。苜蓿草粉、花生秧粉等粗饲料以及玉米、小麦、大麦等谷物子实，可中、长期贮存，豆粕（饼）、花生粕（饼）等植物性蛋白质饲料宜中、短期贮存，而麦麸、小麦次粉等糠麸类通常仅限于短期贮存。一般贮存时间为 3 个月以上为长期贮存，1～3 个月为中期贮存，1 个月以内为短期贮存，具体时间的长短可根据原料的种类、需要量、价格波动及季节等因素灵活调整。

对长期贮存的大宗饲料原料，应用麻袋或编织袋装好后封口，放置于干燥、通风的贮存室内。堆放时，在地面上垫约20厘米高的垫板。冬春季节每周1次、夏秋季节每周2次检查袋内温度，每次在贮存的不同部位抽查3袋以上，如有发热现象应及时处理。对饼类饲料，在地面20厘米以上堆成透风花墙式，每块饼相隔20厘米，第二层错开，再按第一层摆放的方法堆放，堆放高度一般不宜超过20层。

防鼠害是做好饲料贮存工作的重要环节，也是预防肉兔沙门氏杆菌病有效措施之一。为避免鼠害，在饲料贮存前，应彻底清除贮存间内壁，夹缝及死角，堵塞墙角漏洞，并进行密封熏蒸处理，以减少鼠害。

（2）**磷酸氢钙、石粉、食盐等原料的仓储** 磷酸氢钙、石粉、食盐等原料用量较少，且较易贮存，应远离大宗原料分别贮存，在醒目地方标明所贮存原料的种类，以便于使用。

（3）**添加剂预混料的仓储** 添加剂预混料通常要求在低温、干燥环境条件下贮存。维生素类添加剂预混料即使在低温、干燥条件下保存，每月也可能自然损失5%～10%，随着贮存温度的升高，损失更大。因此，添加剂预混料适用于中、短期贮存，最好短期贮存。

2. 配合饲料的仓储

（1）**全价颗粒饲料** 水分一般要求在12%以下，用双层袋包装，内用不透气的塑料袋，外用纺织袋包装，在干燥条件下贮存。贮存间应干燥、通风、防鼠害，堆放时，地面铺垫20厘米以上的防潮垫层。适宜贮存时间为3个月以内。在颗粒饲料自产自用的规模化肉兔场，饲料一次性加工量不宜过大，一般以满足1周左右的用量为宜，不宜超过2周，这样既方便使用，贮存工作量又不是很大，便于安全贮存。为提高防腐效果，适当延长保质期，可在饲料中添加丙酸钙、丙酸钠等防腐剂。

（2）**全价粉状饲料** 表面积大，孔隙度小，导热性差，容易返潮，脂肪和维生素接触空气多，易被氧化和受到光的破坏，不宜久存，贮存时间一般不超过1个月。

（3）**浓缩饲料**　含蛋白质丰富，含有微量元素和维生素，其导热性差，易吸湿，微生物和害虫容易繁生，维生素也易被光、热、氧等因素破坏失效。浓缩料中应加入防霉剂和抗氧化剂，以增加耐贮存性。贮存时间不宜超过1个月。

六、饲料卫生与安全

饲料卫生与安全是指饲料在转化为畜产品过程中对动物健康及正常生长，畜产品食用，生态环境的可持续性发展不会产生负面影响等特性的概括。肉兔生产的主要目的是为人们提供可食用的兔肉。所以在饲料原料采购、运输、贮存，配合料的加工生产设施与环境，饲料添加剂的使用等方面都应当注意饲料的卫生与安全，严格执行《GB/T16764-2006配合饲料企业卫生规范》和《NY5032-2006无公害食品　畜禽饲料和饲料添加剂使用准则》中的相关规定，保证兔肉产品的品质和兔产业和生态环境的可持续性发展。

第五章

肉兔饲养管理

一、肉兔饲养管理的一般原则

肉兔饲养管理遵循的一般原则包括以下几点。

（一）饲料多样化，合理搭配

相比牛、羊、猪等家畜来说，肉兔生长发育快，繁殖力、产肉力高，单位体重营养物质的需要量明显要高。任何一种营养物质的缺乏或过量都会对其产生很大的影响，有时甚至是致命的。

由于饲料种类千差万别，营养成分各不相同，每一类、每一种饲料都有其自身的特点。在配制肉兔日粮时，应根据各类型肉兔的生理需要，将多种不同种类的饲料科学搭配，取长补短，方能营养全价。饲喂青粗饲料也应如此。俗话说"若让兔儿长得好，给吃多样草"，就是这个道理。

（二）日粮组成相对稳定，饲料变换应逐渐过渡

肉兔的消化道非常敏感，饲料的突然改变往往会引起食欲下降或贪食过多，导致消化紊乱，产生胃肠道疾病。因此，应保持日粮的相对稳定。饲料确需更换时，为使肉兔消化道有一个适应过程，应有约1周的过渡期，每次更换1/3，每次2～3天，循序渐进。

（三）注意饲料品质，合理调制日粮

肉兔的饲料选择要做到"十不喂"：腐烂、变质的饲料不喂；被粪尿污染的饲料不喂；沾有泥水、露水的青绿多汁饲料不喂；刚被农药污染过的饲草、树叶不喂；有毒的饲草不喂；易引起胃胀的饲料（如未经煮熟、焙炒等加热处理的豆类饲料，开花期的草木樨）不喂；易引起腹泻的多汁饲料（如大白菜、菠菜等）不宜单一或大量饲喂；冰冻的饲料不喂；发芽的马铃薯、染上黑斑病的地瓜不喂；含盐量较高的家庭剩菜不宜单喂。

（四）定时定量，精心喂养

肉兔的饲喂制度有两种，一种是自由采食，另一种是限量采食。在养兔业发达的国家如法国、德国等，已普遍采用全价颗粒饲料，对营养需要量高的几种类型兔如哺乳母兔、生长肥育兔等多实行自由采食，以充分发挥其哺乳性能和生产性能。目前我国肉兔生产中，多实行限量、定时定量饲喂法，即固定每天的饲喂时间和相对一定的量，使肉兔养成定时采食和排泄的习惯，并根据各类型肉兔的需要和季节特点，规定每天的饲喂次数和每次的饲喂量。原则上让兔吃饱吃好，不能忽多忽少。

定时喂兔，要根据季节不同适当调整。大兔的采食量比较恒定，定量容易把握，小兔的定量要从开始抓起。初次定量，可设定一个日粮数，分餐供应。观察 1～2 天，看准确与否，高了减，低了加。1 月龄的小兔，日采食量 30 克左右。随着小兔年龄的增长，适时增加日粮数量。所谓适时，就是不能每天都加量，这样做会出大问题。在冬、春、秋 3 个寒凉温爽的季节里，可以每隔 5～7 天，每只兔 1 天增加 5～10 克料，具体可视兔的采食和消化状况而定。定时定量蕴含着丰富的知识和技巧，是饲养标准化的一个方面，运用得好，可一举多得：一是不浪费饲料；二是有利于卫生（笼底、兔体相当洁净）；三是能及时发现问题，解决问

题。实践证明，在饲料符合兔的生理营养需要的前提下，坚持运用定时定量的科学方法，兔子就会按人的设想健壮成长（王向明，2007）。

（五）供足清洁饮用水

不同的季节及肉兔不同的生长阶段和生理时期，需水量不同。夏季高温，兔散热困难，需要大量的饮水来调节体温。幼兔生长发育快，体内代谢旺盛，单位体重的饮水量高于成年兔；母兔产后易感口渴，如饮水不足，容易发生残食或咬死仔兔现象；兔在采食大量青绿多汁饲料后，供水量可适当减少；饲喂全价颗粒饲料时，应自由饮水，在有条件的场（户），可安装自动饮水器。冬季最好饮温水，以免引起消化道疾病（表5-1至表5-3）。

表5-1　气温对兔饮水量的影响

气温（℃）	空气相对湿度（%）	采食量（克/天）	饲料利用率	饮水量（毫升/天）
5	80	184	5.02	336
18	70	154	4.41	268
30	60	83	5.22	448

注：摘自杨正主编《现代养兔》。

表5-2　家兔不同生理时期每天适宜的饮水量

生理时期	饮水量（毫升）
妊娠或妊娠初期母兔	250
成年公兔	280
妊娠后期母兔	570
哺乳期母兔	600
母兔+7只仔兔（6周龄）	2300
母兔+7只仔兔（8周龄）	4500

注：摘自杨正主编《现代养兔》。

种受阻、母兔流产、仔兔"吊奶"、肠套叠和肉兔在笼内乱跑乱撞引起内外伤等。因此，兔舍周围要保持相对安静。饲养人员操作动作要轻，进出兔舍应穿工作服，禁止人员穿戴颜色鲜艳的衣服进入兔舍。

兔舍要有防兽设施，防止狗、猫、黄鼠狼、老鼠、蛇的侵害。

（九）分群管理，加强检查

对肉兔按品种、生产方向、年龄、性别和体况强弱进行合理分群，便于管理，有利于兔的生长发育、选种和配种繁殖。种公兔、妊娠母兔、哺乳母兔、后备兔应单笼饲养。每天早晨饲喂前，应检查全群兔的健康状况，观察其姿态、食欲、饮水、粪便、眼睛、皮肤、耳朵及呼吸道是否正常，以便早发现病情，及时治疗。

二、种兔的饲养管理

（一）种公兔的饲养管理

一只优良的种公兔在一生中可配种数十次甚至上百次，其后代少则数百，多则数千，因此，种公兔的优劣对兔群的质量影响很大。俗话说："公兔好，好一坡；母兔好，好一窝"。

1. 科学饲养，提供全面、均衡的营养 种公兔的种用价值，首先取决于精液的数量和质量，而精液的数量和质量依赖于日粮的营养水平，尤其是蛋白质的质和量。

精液除水分外，主要成分是蛋白质，包括白蛋白、球蛋白、黏液蛋白等。生成精液的必需氨基酸有色氨酸、组氨酸、赖氨酸、精氨酸等，性功能活动中的激素和各种腺体的分泌以及生殖器官本身也都需要蛋白质加以修补和滋养，而饲料是这些蛋白质和氨基酸的唯一来源，因此应在公兔的日粮中加入足够数量和质量的蛋白质饲料。一般种公兔日粮粗蛋白质比例应达到 $15\% \sim 16\%$，且要求氨基

（七）通风换气，保持兔舍空气清新

肉兔对空气质量的敏感性要高于对温度的敏感性。兔舍温度较高时，有害气体（特别是氨气、硫化氢）的浓度也随之升高，易诱发各种呼吸系统疾病，特别是传染性鼻炎。封闭式兔舍应适当加大换气量。这样，可以使兔舍内的空气质量变好，减少某些传染病的发生，夏季还有利于兔舍降温。半封闭式兔舍，要做好冬季通风换气工作。方法见第一章叙述。对仔兔应注意冷风的袭击，特别是要防止贼风的侵袭。兔舍小气候条件见表5-4。

表5-4　兔舍小气候条件

温度（℃）	繁殖兔舍、幼兔舍	8～30
	育肥兔舍	5～30
	敞开式产仔箱	>15
	封闭式产仔箱	>10
空气相对湿度（%）		60～65
有害气体浓度（×10^{-6}）	氨	<30
	二氧化碳	<350
	硫化氢	<10
光照强度（瓦/米^2）		1.5～2
光照时间（小时）	繁殖兔	14～16
	种公兔	12～8
	育肥兔	12～8
通风换气量（米^3/千克·小时）		2～3
空气流速（米/秒）		<0.5

注：摘自徐汉涛主编《高效益养兔法》。

（八）保持安静

肉兔胆小怕惊，突然的惊吓易引起各种不良应激的发生，如配

酸平衡。种公兔在配种期，除植物性蛋白质外，还应适当提供动物性蛋白质，如鱼粉等（徐汉涛，1999）。

2. 加强种公兔的选留 在选育过程中加大对公兔的选择强度，选作种用的公兔应来自优良亲本的后代。可根据肉兔主要经济性状的遗传参数确定合适的选种方法（表5-5，表5-6）。

表5-5 肉兔主要经济性状遗传力*

品 种	性 状	遗传力	品 种	性 状	遗传力
塞北兔	初生重	0.180	新西兰白兔	产活仔数	0.329
	断奶重	0.240		总产仔数	0.269
	成年体重	0.530		初生个体重	0.207
	日增重	0.320		21日龄窝重	0.173
	窝产仔数	0.190		断奶个体重	0.399
	泌乳力	0.115		初生窝重	0.364
	成年体长	0.230			
	成年胸围	0.420			

注：摘自杨正主编《现代养兔》。* 估计方法为父系半同胞。

表5-6 肉兔主要经济性状间的表型相关与遗传相关*

品 种	相关性状	表型相关	遗传相关
新西兰白兔	初生重与21日龄个体重	0.149	0.243
	初生重与断奶个体重	−0.079	0.146
	21日龄体重与断奶个体重	0.199	0.230
	哺乳仔数与泌乳力	0.138	0.199

注：摘自杨正主编《现代养兔》。* 估测方法为半同胞组内相关。

对于公兔的选择，如果选择日增重、成年体重这样遗传力比较高的性状，采用个体选择的方法，可获得较好的选择效果。多个性状同时选择时可根据性状间的相关系数制定选择指数。

3. 掌握适宜的初配时间 种公兔的初配年龄因品种（系）的不同而有较大差异。一般中小型肉兔品种初配年龄早，大型品种晚。

小型品种一般为 4～5 月龄，中型品种一般为 6～7 月龄，大型品种一般 7～8 月龄。但不论何品种，其初配时体重最少不应低于其成年体重的 60%；在种兔场，应掌握在 80% 以上。表 5-7 列举了几个不同类型肉兔品种的性成熟和初配年龄。

表 5-7   肉兔性成熟和配种年龄

品 种	性成熟（月）	配种年龄（月）
新西兰兔	4～6	5.5～6.5
荷兰兔	3～5	4.5～5.5
比利时兔	4～6	7～8
青紫蓝兔	4～6	7～8
加利福尼亚兔	4～5	6～7
日本白兔	4～5	6～7
哈尔滨白兔	5～6	7～8
塞北兔	5～6	7～8
安阳灰兔	4～5	6～7

注：摘自杨正主编《现代养兔》。

4. 合理安排配种强度   青年兔初配时每天 1 次，连续 2 天休息 1 天。壮年公兔 1 天 2 次，连续配种 2 天休息 1 天；或每天 1 次，连续配种 3～4 天休息 1 天。如果连续滥配，会使公兔过早失去配种能力，减少使用年限。

5. 掌握合理的配种时间   在喂料前后半小时之内不宜配种或采精。冬季最好在中午前后；春秋季节上、下午均可；夏季高温季节应停止配种。环境温度达到 31℃ 时，公兔射精量减少，精子活力低，重者导致公兔死亡（李其谦，1992）。

精液品质参数在不同季节具有显著差异。最适繁育季节为春季和冬季的后一个半月，春季精子活力最高，浓度也大。从夏季的前两周精液品质开始下降，秋季的前一个半月中，精液中无精子（A. K. Mathur 等）。

6. 配种方法要得当　配种时应把母兔放入公兔窝内，而不能将公兔放入母兔窝内，因为公兔到了新的环境里，会分散注意力，拖延配种时间，甚至拒绝交配。

影响种公兔配种能力的因素主要有以下几点。

（1）遗传　种公兔繁殖性能的高低是可以遗传的，选择种公兔时必须考虑祖先的生产性能及遗传性。

（2）个体差异　除了考虑祖先的生产性能外，选择种公兔时，更重要的是应重视公兔的发育、体型外貌和生殖器官的发育情况。

①体形外貌　应选择品种特征明显，体型结构符合其生产类型的个体。总的要求是胸部宽而深，背腰宽而广，臀部丰满，四肢强有力，肌肉结实，体质健康，发育良好，没有外形缺陷，性欲强，交配动作快。

②生殖器官　公兔睾丸要匀称，雄性强。隐睾、单睾或睾丸大小不一致的都不能留种。

③疾病　患有脚皮炎、疥螨病的个体不能留作种用。

（3）年龄　青年公兔身体尚未发育完全，配种能力较差；中年（1～2岁）公兔生殖系统、内分泌系统都已完全成熟，此时配种能力最强；老年（2.5岁以上）公兔生殖功能衰退，配种能力下降。在现代化规模饲养情况下，种兔的使用年限大为缩短，一般种公兔使用年限为2～3年。

（4）配种强度　如种公兔长期配种负担过重，可导致性功能衰退，精液品质下降，母兔受胎率不高；但如配种强度过小或长期闲置不配，睾丸产生精子的功能就会减退，使精子活力差，畸形精子、死精子数增加。唯有合理使用种公兔，才能充分发挥其种用性能。

（5）营养　营养是种公兔旺盛性欲和最佳精液品质的物质保障。要保持种公兔健壮的体格和高度的性反射，就必须保证饲料营养的全价性，特别是蛋白质、维生素、矿物质营养。

（二）种母兔的饲养管理

按母兔所处的不同生理状态，可分为空怀期、妊娠期和哺乳期。要根据各个时期不同的生理特点，采取相应的饲养管理操作规程。

1. 空怀期母兔的饲养管理 幼兔断奶后到再次配种妊娠前这一阶段称为空怀期。空怀母兔饲养管理的关键是补饲催情，使其尽快复膘，利于进入下一个繁殖周期。这一时期，可以适当增加营养，以促使母兔正常发情，为再次配种、妊娠做准备。

（1）管理要跟上 适当增加光照时间，并保持兔舍通风良好。冬季和早春，母兔每天的光照时间应达 14 小时，光照强度为 1.5～2.0 瓦 / 米^2，电灯高度为 2 米左右。可增加母兔性激素的分泌，利于发情受胎。

（2）保持母兔适当的膘情 空怀母兔保持在七八成膘才能保证有较高的受胎率。空怀母兔的膘情过肥，卵巢周围被脂肪包裹，卵子不易进入输卵管；而过瘦的母兔体弱多病，也不易受孕。生产中要根据母兔的膘情，及时调整日粮。过肥的母兔应降低日粮营养水平，过瘦的母兔则应提高日粮营养水平。

（3）保证维生素的需要 配种前母兔每天可供应 100 克左右的胡萝卜或冬牧 70 黑麦苗、大麦芽等，以补充繁殖所需维生素 A、维生素 E，促使母兔正常发情。也可以在日粮中添加繁殖兔专用添加剂。

（4）安排适宜的产后配种间隔 在饲养管理条件较差的养兔场（户），可在母兔产后 25～40 天配种，在饲养管理条件较好的场（户）可在产后 9～15 天配种。如母兔体况很好，或产仔数较少可交替安排血配。据试验，新西兰母兔产后 25 天配种受胎率和窝产仔数显著高于产后 1 天，但母兔年提供的断奶仔兔数显著低于产后 9 天的配种（表 5–8）。

表5-8　配种间隔对母兔繁殖性能的影响

项　目	产后配种间隔			显著性
	1天	9天	25天	
受胎率（%）	63.3[b]	73.6[a]	80.3[a]	**
产仔间隔（日）	49.7[b]	50.5[b]	60.1[a]	***
窝产仔数（只）	8.0[b]	7.9[b]	8.8[a]	*
窝产活仔数（只）	7.4[b]	7.3[b]	8.1[a]	*
断奶窝仔数（只）	5.9[b]	6.5[ab]	6.7[a]	*
每只年产断奶仔兔（只）	36.0[ab]	40.0	33.3[b]	*
母兔更新率（%）	192	175	167	
母兔平均体重（克）	3999[b]	4219[a]	4234[a]	***
21日龄窝重（克）	1962[b]	2187[ab]	2242[a]	+
断奶窝重（克）	3177[c]	4003[b]	7040[a]	***
饲料消耗（克/只·日）	260.7[c]	290.5[b]	347.8[a]	**

注：同行数字上角字母不同时表示其平均数差异显著（$P<0.05$）；*$P<0.05$，**$P<0.01$，***$P<0.001$，＋表示$P<0.1$。（Journal of Animal Science 1986 Vol.62 No.6 P1624-1634）。

在现代规模化肉兔养殖中，35/42/49天繁育模式是国际上应用广泛的高效繁育技术（阎英凯，2009）。在这些高效繁殖模式中，母兔不存在空怀期，因此对营养的要求就相应地提高，后面将有详述。

（5）诱导发情　对于膘情正常，但不发情或发情不明显的母兔，在增加营养和改善饲养管理条件的同时，可采用以下方法诱导发情。

①异性诱导法　每天将母兔放入公兔窝中1次，连续2～3天，通过公兔的追逐爬跨刺激，提高卵巢的活性，诱导发情。

②激素刺激法　肌内注射孕马血清（15～20单位/只）、促排3号（3～5微克/只），或人绒毛膜促性腺激素（100单位/只），一次性注射。

对于经多方面处理仍不奏效的空怀母兔，应予以淘汰。

（6）**选择肉兔配种最适期**　母兔在发情旺期配种，受胎率较高。母兔发情适期的确定应根据行为表现和阴唇黏膜颜色的变化综合判定。"粉红早，黑紫迟，大红正当时"，当母兔表现接受交配，阴唇颜色大红或稍紫、明显充血肿胀时，是配种的理想时期。

（7）**重复配或双重交配**　重复配是指第一次交配后经 6～8 小时，用同一只公兔重复交配 1 次。双重交配是指第一次交配后过 30 分钟左右再用另一只公兔交配，或采用 2～3 只公兔的精液混合输精。双重交配只适合于商品生产兔场。

2. 妊娠母兔的饲养管理　母兔妊娠期的长短因品种及营养条件而有所差异，一般为 31 天。这一时期母兔饲养管理的要点是根据妊娠母兔的生理特点和胎儿的生长发育规律，采取科学的饲养管理措施。

（1）**根据母兔体况科学饲养**　对妊娠前期母兔可采取与空怀母兔一样的喂法，饲喂空怀母兔料，以免因营养过高，母兔过肥而发生妊娠毒血症。在妊娠后期，特别要注意蛋白质、矿物质和维生素的供应。生产中要根据母兔的具体情况调整日粮供给，如果母兔的体况很好，分娩前可适当减量，以免母兔产后乳汁过多，仔兔一时吃不完而引起乳房炎；如果母兔体况不佳，特别是在进行血配时，整个妊娠期不但不应减量，还应适当增加。

（2）**加强护理，防止流产**　母兔流产多发生于妊娠中期（15～25 天）。发生流产的原因很多，如突然惊吓，不正确摸胎，抓兔不当，饲料霉烂变质，冬季大量饮冷水、冰水，某些疾病（如巴氏杆菌病、沙门氏杆菌病等）等均可引起母兔流产。

（3）**做好接产工作**　在母兔产前 3～4 天，准备好消毒产仔箱，放入干燥柔软的垫草，将产仔箱放到母兔笼内或悬挂于笼外，让母兔熟悉环境，拉毛营巢。

（4）**整理产仔箱**　母兔产仔完毕后要整理产仔箱，清点仔兔，取出死胎和沾有污血的湿草，剔除弱仔和多余公兔，并将产仔箱底铺成如碗状的窝底。如母兔拉毛不多，应人工辅助拔光乳头周围的毛，可刺激泌乳，便于仔兔吃奶。

3. 哺乳母兔的饲养管理 母兔的泌乳性能对仔兔生长发育至关重要，因此必须对哺乳母兔进行科学的饲养管理。

（1）影响母兔泌乳量的因素

①品种因素 遗传是影响母兔泌乳量的最主要的因素。不同品种的母兔，泌乳量差异很大。日本大耳白兔和加利福尼亚兔是肉兔中泌乳量较大的品种，同一品种内，乳头数量多、产仔数多、护仔性强、母性好的母兔，泌乳能力高，因此常作为杂交用的母本。

②营养因素 哺乳母兔对各种营养物质的需要量明显高于其他类型的肉兔。一只体重 5.0 千克、日泌乳量 250 克的大型品种肉用母兔，日需要消化能 6.0 兆焦，可消化蛋白质 52.5 克，相当于日采食消化能含量为 12.13 兆焦 / 千克、粗蛋白质 18.0% 的日粮 450～500 克。而在实际生产中，由于生理条件的限制，哺乳母兔日采食量很难超过 400 克。因此，营养不足经常成为影响母兔泌乳量的主要限制因子。营养水平过低，特别是蛋白质营养缺乏，会使母兔消瘦，体弱多病，乳腺发育不好，泌乳量下降。据测定，哺育 6～8 只仔兔的加利福尼亚母兔，自由采食全价颗粒饲料的条件下，在为期 4 周的哺乳期内，泌乳量平均每天为 200～250 克；而在每日补充 100 克精料补充料、自由采食青粗饲料的条件下，每天泌乳量仅 100～150 克。

③饮水 饮水不足，不仅会严重降低母兔泌乳数量和质量，还会引起仔兔消化性下痢、母兔食仔和咬伤仔兔等现象。若母兔奶头附近沾有很多褥草，多数原因是因饮水不足、乳汁过浓所引起的。据测定，日泌乳 150 克的母兔，在 20℃环境条件下，需水量为 500 毫升以上；在夏季，为 750 毫升以上。日泌乳量达 250 克以上的母兔，在夏季的日需水量可达 1 000 毫升以上。

④胎次 在良好的饲养管理条件下，对同一母兔个体而言，第一胎泌乳量较少，第三胎以后逐渐上升，第七、第八胎后达到高

峰，持续 10 个月左右的时间，一般第 15 胎后逐渐降低。但在低营养水平条件下，第一胎的泌乳量要优于第二胎和第三胎，有随着胎次的增加而逐渐降低的趋势。这主要是由母兔体内营养物质储备下降造成的。在同一哺乳期内，产后 3 周内泌乳量逐渐增高，一般在 21 天左右达到高峰，以后逐渐降低，到 42 天，泌乳量仅为高峰期的 30%～40%。

⑤应激反应　易引起母兔惊吓的噪声、意外刺激、不规范操作和争斗，都可导致母兔在产后第一周内拒绝哺乳。在湿热的季节，环境不适，母兔产奶量一般较少。感染乳腺炎和某些营养消耗性疾病也可影响母兔的泌乳，甚至拒绝哺乳。生产实践表明，排除可引起母兔不良刺激因素，除加强管理外，最理想的解决途径是限定母兔仅在哺乳时接近仔兔。

（2）提高母兔泌乳量的关键技术措施

①供给充足的营养，特别是蛋白质营养　哺乳母兔全价日粮中消化能 11.51～12.13 兆焦 / 千克，粗蛋白质不能低于 18%。试验证明，在哺乳母兔日粮中添加不超过 5% 的动物性蛋白质饲料，可明显提高母兔的泌乳量。在采用以青绿饲料为主，辅以精料补充料的饲养方式下，精料补充料中蛋白质含量应在 20% 以上，每天饲喂量应为 100～150 克，青绿多汁饲料喂量应在 1 000 克以上。

②保证清洁饮水　饮水清洁，不间断供应，冬季应饮温水。

③催奶方法　如母兔乳汁不足，首先查明原因。如是营养不足，应及时调整日粮配方，提高日粮能量和蛋白质水平，增喂多汁饲料，并采取下列几种应急方法催奶。

催奶片催奶：每只母兔每天 1～2 片，但应注意这种方法仅适用于体况良好的母兔。

蚯蚓催奶：取活蚯蚓 5～10 条，剖开后用清水洗净，再在水里加适量黄酒或米酒煮熟，连同汤拌入精料补充料中，分 1～2 天饲喂，一般 2 次见效。

花生米催奶：将花生米 8～10 粒用温水浸泡 1～2 天，拌入精料补充料中让兔自由采食，连用3～5天，效果很好。

生南瓜籽催奶：生南瓜籽30克，连壳捣碎，拌入精料补充料中，连喂5～7天。

大豆催奶：每天用大豆20～30克煮熟（或打浆后煮熟），连喂5～7天。

此外，经常饲喂蒲公英、苦荬菜、胡萝卜等青绿多汁饲料，可明显提高母兔的泌乳量。

（3）哺乳母兔管理措施　保持兔笼、产仔箱、器具的洁净卫生。消除笼具、产仔箱上的铁钉、木刺等锋利物，防止刺伤乳房及附近皮肤。如产仔箱不洁或有异味，母兔可能发生扒窝现象，扒死、咬死仔兔，遇到这种情况，应立即将仔兔取出，清理产仔箱，重新换上垫草垫料。

采用母仔隔离饲养方法，具体方法是：如果使用外挂式产箱，可在每天的哺乳时间将产仔箱门打开，让母兔进入产仔箱哺乳，待哺乳结束后，关闭产仔箱门。如果使用木质产仔箱（即产仔箱放在母兔笼内），可以将产仔箱取出，集中放置，每天固定时间放入笼内哺乳。养成每天定时哺乳的习惯，既可保证母兔和仔兔充分休息，对预防仔兔"蒸窝"、肠炎和母兔乳房炎也十分有利。每天观察仔兔吃奶、生长发育和母兔的精神状态、食欲、饮水量、粪便和乳房周围皮肤的完整性等情况，及时剔除死仔弱仔。乳汁不足或过多时，应采取对策，防止乳房炎的发生。乳汁过稠时，应增加青绿多汁饲料的喂量和饮水量；乳汁过多时，可适当增加哺乳仔兔的数量。母兔一旦瘫痪或患乳房炎，应停止哺乳，及时治疗。

三、仔兔的饲养管理

从出生到断奶这段时间的小兔称为仔兔。仔兔出生后独立生活，环境发生了巨大变化。根据仔兔各期不同的生理特点，应做好饲养管理工作。仔兔分为睡眠期、开眼期。

（一）仔兔睡眠期的饲养管理

仔兔从出生至 12 天左右，眼睛紧闭，除了吃奶，大部分时间在睡眠，故称之为睡眠期。此阶段饲养管理应重点抓好以下几点。

1. 创造温度适宜的小环境 由于繁殖母兔多为夜间产仔，缺乏人员及时检查、护理，仔兔又无体温调节能力。在冬季及早春，舍内保温措施不当是导致初生仔兔低温致死的最主要原因。为此，在母兔冬繁时，首先应做好兔舍或产仔房的保温工作，使产房温度保持在 10℃以上；另一方面应控制产仔箱小环境，如铺好垫草，协助用兔毛遮盖好仔兔等。在有条件的情况下，可对母兔注射催产素或拔腹毛吮乳，实施定时产仔法，使母兔大多在白天产仔，这也是提高初生仔兔成活率的有效措施。

2. 让仔兔早吃奶、吃足奶 母性强的母兔一边产仔、一边哺乳。而护仔性差的母兔，尤其是初产母兔，如果产仔后 4～5 小时不喂奶，应采取人工辅助方法，即将母兔固定在产仔箱内，保持安静，让仔兔吃奶，1 天 2 次，每次 20～30 分钟，训练 3～5 天后母兔即会自己哺乳。

如果母兔产仔数过多，应进行调整。一般来说，肉用品种母兔哺乳只数以每窝 7～8 只为宜。对于过多的仔兔，如果初生个体重过小（不足 50 克），或公兔过多，可将其淘汰；对发育良好的仔兔要找产期相近的母兔代养。代养时应先把“代奶保姆兔”拿出，再让保姆兔与仔兔接触，一般均能寄养成功。为了尽快扩大所需优良品种数量，提高良种母兔繁殖胎次，可将所需品种母兔与其他品种母兔同时配种，同时分娩，把良种仔兔部分寄养给保姆兔，使良种母兔提前配种。

仔兔出生后，若母兔死亡或患乳房炎，而又找不到寄养保姆兔时，可以配制“人工乳”，即以牛奶、羊奶或稀释奶粉代替兔奶。但因牛奶中蛋白质、脂肪、灰分等营养物质含量较兔奶低（表 5-9），实践证明，人工乳虽可将一部分仔兔喂活，但生长速度远远不如自然哺乳兔。

如同窝仔兔大小不均时，应采取人工辅助哺乳法，即让体弱仔兔先吃奶，然后再让体强兔吃奶，以保证发育均匀一致。

表5-9 各种家畜奶的营养成分

畜 种	脂 肪	蛋白质	乳 糖	灰 分
肉兔奶	12.2	10.4	1.8	2.0
黑白花牛奶	3.5	3.1	4.9	0.7
山羊奶	3.5	3.1	4.6	0.8
绵羊奶	10.4	6.8	3.7	0.9
猪 奶	7.9	5.9	4.9	0.9
马 奶	1.6	2.4	6.1	0.5
驴 奶	1.3	1.8	6.2	0.4
貂 奶	8.0	7.0	6.9	0.7

注：摘自《英汉畜牧科技词典》(第二版)，农业出版社，1996。

3. 采用母仔隔离定时哺乳法 母兔分娩后将产仔箱置于产房内，每天1～2次定时将母兔捉送至产仔箱内给仔兔哺乳。这样，虽增大了劳动强度，但可及时观察仔兔情况，便于给仔兔创造一个舒适的生活小环境，防止"吊乳"现象的发生，并能有效地防止鼠害、蛇害等，可明显提高仔兔成活率。

4. 经常更换垫草，保持产仔箱干燥卫生 产仔箱垫草过于潮湿，可发生"蒸窝"现象，严重影响到仔兔的睡眠休息和生长发育，应不定期更换。

5. 预防仔兔黄尿病 1周龄内仔兔极易发生黄尿病，主要是因为仔兔吃了患有乳房炎的乳汁，引起急性肠炎，以至粪便腥臭、发黄，病兔昏睡，全身发软，肛门及后躯周围被毛受到污染，一般全窝发生，死亡率高。

6. 保持产房安静 嘈杂惊扰，易使母兔拒绝继续哺乳并频繁进出产仔箱，踩伤仔兔或将仔兔带出产仔箱外。

7. 每天进行细致的检查 主要检查吃奶、生长发育和产仔箱内垫草情况。健康仔兔，皮肤红润发亮，腹部盈满，吃饱奶后安睡不动。如果仔兔吃奶不足，就会急躁不安，在产仔箱内来回乱爬，头向上转来转去找奶吃，皮肤暗淡、无光、皱纹多。发现仔兔死亡应及时取出，以防母兔哺乳时感觉腹下发凉而受惊吓。

（二）仔兔开眼期的饲养管理

仔兔出生后 12 天左右睁眼，从睁眼到断奶，这段时间称为开眼期。因此阶段单靠母兔奶汁已满足不了生长发育的需要，仔兔常常紧追母兔吃奶，故又称追奶期。该时期是养好仔兔的第二个关键时期，应做好以下几方面工作。

1. 检查开眼情况 如果到 14 天还未开眼，说明仔兔发育欠佳，应人工辅助其睁眼。注意要先用清水冲洗软化，清除干痂，不能用手直接强行拨开，否则会造成眼睛失明。

2. 及早给仔兔补饲 仔兔出生 15 天后便跳出产仔箱采食少量草料，这时应给仔兔少量营养丰富、容易消化的饲料，如用鲜嫩青绿饲料诱食。20 日龄后应根据仔兔生理特点配制营养丰富的仔兔补饲料。仔兔在 25 日龄前以吃奶为主，吃料为辅，而在 25 日龄后应转变为以吃料为主，吃奶为辅。开食以后的仔兔易患消化道疾病，因此由吃奶转变为吃料，应逐步过渡，不能突变；喂料量也应逐渐增加，少喂多餐，一般每天 5～6 次。仔幼兔日均采食量参见图 5-1（李明勇，2007）。

3. 加强管理，预防球虫病 在夏、秋季节，20 日龄以后的仔兔最易发生肠型球虫病，且大多为急性过程。发病时突然倒下，两后肢、颈、背强直痉挛，头向后仰，两后肢伸直划动，发出惨叫。如不提前预防，会大批死亡。预防的关键是除药物预防外，还在于严格的管理。如母仔分养，定时哺乳，及时清粪，防止料盒、水槽

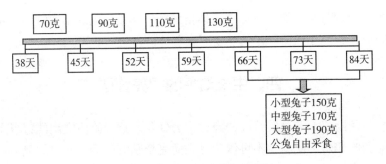

图 5-1　仔幼兔日均采食量参考

被粪尿污染，兔舍、兔笼、料盒、水槽定期消毒。

4. 适时断奶　在良好的饲养管理条件下，当仔兔28～42日龄、体重达到500～750克时，即可断奶。断奶过早，会对幼兔生长发育产生一定影响；断奶过晚，也不利于母兔复膘，影响母兔下一个繁殖周期。所以，应根据仔兔品种、生长发育情况、母兔体况及母兔是否血配等因素确定适宜的断奶时间。一般来说，肉兔仔兔可在28～35日龄断奶，毛兔、皮兔品系的仔兔可在35～42日龄断奶。农村副业养兔，仔兔断奶时体重应在500克以上；而集约化、半集约化养兔，仔兔断奶时体重应达600克以上；对留种仔兔，断奶时间应适当延长，体重应达750克以上；对血配母兔，仔兔应在23～25日龄断奶，以给母兔留足1周左右的休息时间。对于早期断奶仔兔应采取特殊的补饲法，如补喂牛奶、豆浆等。

5. 适法断奶　仔兔断奶方法可分为一次性断奶法和分期分批逐步断奶法。若全窝仔兔都健康且生长发育整齐均匀，可采取一次性断奶法；在规模较大的兔场，在断奶时可将仔兔成批转至幼兔育成舍；在养兔规模较小的兔场或农户，断奶时应将仔兔留在原窝，将母兔移走，此法也称原窝断奶法。原窝断奶法可防止因环境的改变造成的仔兔精神不安、食欲不振等应激反应。据测定，原窝断奶法可提高断奶幼兔成活率10%～15%，且生长速度较快。

在大多数情况下，一窝仔兔生长发育不均，体重大小不一，需采取分期分批断奶法。即先将体格健壮、体重较大、不留种的仔兔断奶，让弱小或留种仔兔继续哺乳数日，再全部断奶。

四、生长幼兔的饲养管理

从断奶至 3 月龄阶段的肉兔称为幼兔。这一阶段突出的特点是幼兔吃奶转为吃料，不再依赖母亲而完全独立生活。此时幼兔的消化器官仍处于发育阶段，消化功能尚不完善，肠黏膜自身保护功能尚不健全，因而抗病力差，易受多种细菌和球虫病的侵袭，是养兔生产中难度最大、问题最多的时期。规模化兔场此阶段死亡率一般为 10%～20%，而在粗放饲养管理条件下，死亡率可高达 70% 以上，故应特别注意做好饲养管理和疾病防治工作。

（一）影响幼兔成活率的因素

1. 断奶仔兔体况差　仔兔营养不良，独立生活能力不强，抗病力弱，其他措施跟不上时极易感染疾病而死亡。

2. 对外界环境适应能力差　断奶幼兔对生活环境、饲料的突变极为敏感。在断奶后 1 周内，常常感到孤独，表现极为不安，食欲不振，生长停滞，消化器官易发生应激性反应，引发胃肠炎而死亡。

3. 日粮配合不合理　有的农户和兔场为了追求幼兔快速生长，盲目使用高蛋白质、高能量、低纤维饲料；有的日粮虽经简单配合，但营养指标往往达不到幼兔生长要求，使幼兔营养不良，体弱多病。

4. 饲喂不当　有的养兔户和兔场没有严格的饲喂程序，不定时、不定量，使幼兔饥饱不均，贪食过多，易诱发胃肠炎。

5. 预防及管理措施不利，发生球虫病　球虫病是危害幼兔最严重的疾病之一，死亡率可高达 70% 以上，一旦发病，治疗效果不理想。

（二）提高幼兔成活率的综合措施

在养兔生产中，幼兔成活率直接影响养兔的经济效益和兔业的健康发展。幼兔阶段是饲料报酬高、生长速度最快的阶段，但同时也是死亡高发阶段。此期的饲养管理非常关键。

1. 合理的哺乳只数　在哺乳期内，不要单纯追求过多的哺乳只数，应确保哺乳期仔兔能吃足奶，体质强壮。生产实践证明，母兔产多少就哺乳多少的做法是不科学的，必须调整哺乳只数。

2. 保持母兔良好的体况，掌握适宜的繁殖强度　在养兔生产中，不宜过多追求每只母兔的年产仔数，应视母兔膘情及场（户）的具体条件，因地制宜地确定繁殖强度，否则会明显降低仔、幼兔的成活率。

3. 饲料的更换应逐渐进行　在幼兔断奶后 1 周，腹泻发病率较高，早期断奶幼兔更甚。为此，在断奶后第一周应维持饲料不变，继续供给仔兔补饲料，第二周开始逐渐更换，每 2～3 天换 1/3，1 周后换成生长幼兔料。

4. 配制相应的断奶幼兔料　根据幼兔生长发育需要配制断奶兔全价饲料，这样既可满足各类型幼兔生长的营养需求，又可防止胃肠炎的发生。日粮配制时，特别注意维生素添加剂、微量元素添加剂和含硫氨基酸的供应。

5. 建立完善的饲喂制度　断奶幼兔一般日喂 4～6 次，应定时定量，少喂勤添，防止消化道疾病的发生。

6. 加强管理并注意药物预防　在夏、秋季节，幼兔一般从 20 日龄开始预防球虫病。球虫病的预防应采取环境控制与药物预防相结合的方法，二者缺一不可。保持饲养环境既通风透光，又干燥卫生，对预防球虫病效果很好。

7. 供应充足的饮水　幼兔单位体重对水的需要量要高于成年兔，如饮水不足，会引起体重下降，生长受阻，在高温情况下这种表现尤为明显。因此，保证饮水是幼兔快速生长的重要条件，在有条件的情况下，最好使用自动饮水器让幼兔自由饮水。

8. 合理分群，精心喂养 幼兔断奶后，应根据生产目的、体重、体质、性别、年龄进行分群，一般每笼3～4只，不宜过多，否则会影响采食、饮水及生长发育。

9. 及时注射各种疫苗，杜绝各种传染病的发生 断奶幼兔应及时注射兔瘟疫苗；在饲养管理条件较差的兔场应注射魏氏梭菌病和预防疥螨病的药物；在封闭式兔舍，还应注射巴氏杆菌病、波氏杆菌病疫苗等。

10. 细致观察，发现异常尽早治疗 每天喂料前，对全群幼兔普查1遍，主要观察采食情况、粪便和精神状态等。普查结束后，对怀疑有病的个体进行重点检查，确定病因，及时隔离，制定严密的治疗方案。

五、育成兔的饲养管理

从3月龄至初配（5～7月龄）的兔称为后备兔，又称青年兔、育成兔。这一时期兔的消化器官得到充分锻炼，采食量大，抗病力强，一般很少患病。此阶段的饲养管理应抓好以下几点。

第一，在饲养方面，应适当控制日粮营养水平，防止体况过肥或过瘦，以免影响以后的配种繁殖。注意矿物质饲料的补充，以免影响兔的骨骼生长。

第二，单笼饲养，防止早配。3月龄以后的兔逐渐达到性成熟，进入初情期，但尚未达到体成熟，不宜过早配种。为防止早配、乱配，应将后备兔单笼饲养，一笼一兔。

第三，每月对后备兔进行体尺外貌和体重的测定，测定合格后，编入核心群。对不宜作种用的个体，应及时淘汰。

第四，加强管理，预防疥螨病、脚皮炎的发生。一旦发病，轻者及时治疗后留用，重者应严格淘汰。

六、全进全出生产管理模式

与良种相配套的饲养管理和繁育模式为"全进全出的循环繁育模式"。"全进全出"的畜牧业生产方式在家禽业运用得最好，国内青岛康大等规模较大的养殖企业已经采用这种模式。这种生产管理模式的技术基础是繁殖控制技术和人工授精技术，在笼具和房舍的设计上也有所配套。运用这种管理技术，每个兔舍在77天左右就会轮流空舍，空栏10天左右，彻底清理、清洗、消毒，疾病的发生概率大大降低。饲养工作程序化，每周和每天的工作内容计划性很强且相对固定、便于管理。由于生产效率大大提高，员工每天的累计工作时间基本上在8小时左右，每周员工可以休息1天。不用每天都安排人到兔舍内值夜班，护理刚出生的仔兔，值夜班的时间相对集中和固定（阎英凯，2010），如表5-10。

表5-10　全进全出养兔场工作内容和时间安排

周　一	周　二	周　三	周　四	周　五	周　六	周　日
配种	安装产仔箱	产仔	产仔	产仔／催情	摸胎	休息
配种	安装产仔箱	产仔	产仔	产仔／催情	摸胎	休息
配种	安装产仔箱	产仔	产仔	产仔／催情	摸胎	休息
配种	安装产仔箱	产仔／撤产仔箱	产仔	产仔／催情	摸胎	休息
配种	安装产仔箱	产仔／撤产仔箱	产仔	产仔／催情	摸胎	休息
配种	安装产仔箱	产仔	产仔	产仔／催情	摸胎	休息

这种全进全出的生产模式可以是一对兔舍之间轮换全进全出、空舍消毒，也可以是在不固定兔舍之间依次进行，每个舍的生产状态相差1周。

对母兔实施繁殖控制技术，使之集中发情，统一进行人工授精。母兔产后第11天再进行人工授精。人工授精前6天开始，光照从 12 小时增加到 16 小时，以促进母兔发情，光照强度控制在 60 勒，这种光照强度和时间持续到人工授精后 10 天结束，恢复到每天 12 小时光照。在人工授精前 48～50 小时用孕马血清（PMSG 600）注射处理（每只 0.5 毫升），人工授精后即刻注射促排卵激素 0.2 毫升。在仔兔 35 日龄断奶后，将母兔（已妊娠 24 天）移至另外准备好的空舍待产，仔兔留在原兔舍育肥至 70 日龄出栏，出栏后彻底清理、清洗、消毒、空舍，迎接下一批次妊娠母兔。其模式见图 5-2。

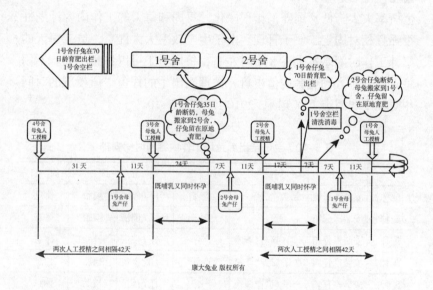

图 5-2　全进全出模式图解　（阎英凯，2010）

在全进全出管理模式下，卫生管理和防疫也都程序化。在年初制定生产计划的同时，这些管理项目也都可以同时制定出来，一并执行。规模化养殖企业实施了这种全进全出繁育模式，疾病的发生可得到有效控制。在疾病防控方面的成本有 70% 是消毒剂，近 20% 是疫苗费用，几乎不做大群用药，更不做个体治疗，规模化养兔企业减少了 80%～90% 的公兔饲养量，人均饲养母兔数量从 150～200 只提高到 300～500 只，只均母兔年贡献出栏商品兔从 20 只提高到 40 只以上。饲养人员的劳动强度得到缓解，工作时间控制在每天 8 小时左右，每人有机会每周休息 1 天，为留住专业人员创造了条件；商品肉兔均匀度好，屠宰出成率比以前高出 2～3 个百分点，产成品规格一致。这为兔产品深加工创造更高的附加值提供了有力保障，这是大型兔业企业所追求的目标之一（阎英凯，2010）。

[案例 1] 让利社员，共同致富

临沂市沂南县家园兔业养殖专业合作社创建于 2012 年 5 月，现有专业技术人员 6 人，合作社核心成员 65 户，带动养殖户 500 余户。合作社养殖场位于湖头镇房家沟村，占地 55 亩，先后被评为山东省省级标准化肉兔养殖场、省级先进合作社示范社，并被确定为 2016 年农业部畜禽养殖标准化示范场。目前为山东省现代农业产业技术体系特种经济动物创新团队兔养殖技术研究示范推广基地。

合作社理事长李在伟经过多年的摸索和学习，在肉兔养殖生产中积累了丰富的经验。合作社从运行开始就实行"合作社＋社员养殖户"的发展模式，帮助肉兔养殖户发展标准化养殖小区。合作社为社员提供兔舍设计、供料、防疫、技术服务、保护价回收等一条龙服务，并定期专门对养殖户进行技术培训，形成了统一人工授精、统一出栏、统一销售的养殖模式。同时，合作社实行"产、学、研"结合，与科研院所建立合作关系，常年聘请畜牧专家对社员养殖过程中出现的疾病、疫情防治等进行现场指导，降低了养殖风险。合作社制定了章程及各项规章制度，把可分配盈余的 70% 按成员交易量比例进行返还，确保了社员利益。

2016 年春季，家园兔业养殖场被市畜牧局确定为临沂市精准扶贫良种兔繁育基地，合作社参与全市养兔扶贫工作。为认真做好扶贫工作，合作社确定了"要不计成本、不计得失、不讲条件、不打折扣地完成党和各级政府交给的扶贫攻坚任务"的目标，主动与政

府对接，承担扶贫任务。家园兔业首先让利于帮扶对象，为他们提供的种兔价格为 60 元/只，减轻了贫困户的经济压力。他们给养殖户算了一笔经济账：每只母兔 60 元，配套的母兔笼为 50 元，共计投入 110 元；进行人工授精配种，1 只母兔 1 年可产 8 窝，每窝 8 只，出生至出栏 65 天，体重可达 2.35 千克，按市场价为每千克 14.2 元计算，第一窝兔子出栏收入为 266.96 元（$8 \times 4.7 \times 7.1$）；饲料成本为 144 元（8×18）；综合计算，第一窝兔子收回成本的同时还赢利 12.96 元（266.96-144-110）。之后产的 7 窝兔子，每只母兔可收入 860.72 元。按每户养殖 20 只母兔计算，年净收入可达 17 200 元（860×20）。预计 2 年内确保帮扶对象脱贫致富。

该项目在沂南县铜井镇灵山村做试点推广。前期，在驻村第一书记和村两委的全力配合下，家园兔业为全村养殖户做了全面的技术培训，为全村 28 个贫困户安装兔笼，提供种兔。2016 年 5 月，临沂市"万家志愿家庭帮户"沂蒙志愿扶贫计划观摩会在沂南县召开，李在伟现场汇报了养殖扶贫项目的进展情况，与会人员现场观摩。将"投资少、周期短、见效快"的肉兔养殖项目作为精准扶贫工作的发力点，得到全体与会人员的一致认可。这一项目被共青团临沂市委确定为"共青团推广青春扶贫项目"。

下一步，家园兔业合作社努力在两年内帮助贫困群众建立起 20 个肉兔标准化养殖基地，新增 1000 家养殖户，让参与养兔的贫困群众，尽快脱贫致富。同时，推动全市肉兔养殖产业向规模化发展。

［案例 2］ 科技支撑，托管扶贫

莱芜市莱城区益民兔业专业合作社理事长谷体兴早年从部队转业回到莱芜，他为人正义，有责任心，勤奋好学，务实诚信，又懂得经营善于管理。他致富不忘乡亲们，经常为贫困户排忧解难，是远近闻名的致富带头人。"消除贫困、改善民生、逐步实现共同富裕，确保到 2020 年所有贫困地区和贫困人口一道迈入全面小康社会"是国家主席习近平在出席中央扶贫开发工作会议时提出的要求。因此，带领周边的乡亲们奔小康成了他的新目标。

合作社自 2009 年成立以来，以供种质量有保障、技术服务跟得上、市场销售保优畅、保护回收效益高、社员利益放首位为原则，与社员同风险，共命运。目前合作社已有社员 300 多户。合作社采取五统一管理模式：统一提供种兔、饲料、技术、防疫和销售。合作社先后被评为山东省省级畜禽标准化示范场、莱芜市农民科技教育实训基地，是莱芜市示范合作社、山东省示范合作社、国家级示范合作社，并被莱芜市评为"优秀农民专业合作社"及"十佳"市级示范社。

2016 年，莱芜市畜牧局把益民兔业专业合作社作为首批帮扶主体参与精准扶贫，带动农民脱贫致富。谷体兴觉得扶贫工作不能光靠政府，需要全社会的共同参与，汇聚大家的智慧和力量，让贫困人口早日脱贫致富，益民兔业专业合作社更是责无旁贷，义不容辞。

经过调研发现，周边大多数贫困户或年老体弱，或残疾人士，几乎没有劳动能力，如果将兔子提供给扶贫对象自己养殖，合作社只是做好技术指导和回收，不仅合作社工作难以开展，养殖者的效益也难以保障。为此，当地政府同益民兔业合作社不断调整和完善扶贫方案，最后决定采用精准托管扶贫模式。这种扶贫模式没有成功经验可以借鉴，需要实施者一步步地实践和摸索。

精准托管扶贫模式，就是政府将每户的扶贫款注入到合作社，每 1000 元作为购置 6 只种兔（5 母 1 公）、兔笼及部分饲料的本金，由合作社替扶贫对象托管代养，协议期限为 3 年。期间的经营风险由合作社承担，合作社分别与乡镇（办事处）及扶贫对象签订托管代养协议，扶贫对象按利润分红，第一年每人 140 元，第二年每人 150 元，第三年每人 160 元。3 年后合作社将政府注入的扶贫款如数退还。目前，共有 1359 人作为益民兔业合作社的托管扶贫对象。2016 年 7 月扶贫款已全部到位，合作社托管扶贫工作也全面展开。合作社安排专门人员负责与扶贫对象联系，协助解决生活中遇到的困难，并保证扶贫利润按时发给扶贫户，确保每一个贫困户的生活都能得到保障。

同时，为进一步提高合作社科学养兔技术水平，为精准托管扶贫保驾护航，益民兔业专业合作社以山东省现代农业技术体系特种经济动物创新团队为技术依托，不定期开展养殖技术培训、疫病检测等工作。

[案例3] 沂源县新民养兔专业合作社的致富之路

淄博市沂源县新民养兔专业合作社成立于2010年4月，是一家集科学养殖、新技术研发推广和农产品初加工销售为一体的新型农民合作组织。合作社坚持互助、互利、互赢、入社自愿、退社自由的原则，实行民主管理，充分调动了社员的积极性和创造性，对每一位社员平等、真诚对待，选择志同道合的养兔人同养殖共发展，为社员提供从选址——建场——引种——养殖到统一销售的全程跟踪服务。与社员同风险共双赢，微利供料、统一销售，交易过程透明，让社员自己当家做主。

2014年，由于市场的饱和，兔价急剧下滑，保底回收价很快让合作社亏了30多万元。但合作社社员基本是老年人和家庭妇女，合作社发起人王敬忠为了合作社的健康发展和保障社员的长远利益，积极寻找销路销售活兔，研究开发烤兔产品，通过博览会、媒体等多方宣传，并采用"互联网＋实体店"的销售模式，使合作社在2015年转亏为盈。同时，合作社积极发展循环农业，兔粪发酵后还田，减少施肥成本，改良土质，达到了循环农业的双重获利。2015年社员的人均收入达到5万元，合作社当年被评为"淄博市市级示范社""山东省省级示范社"。

合作社还积极参与精准扶贫，2015年和山东省省级贫困村（沂源县悦庄镇北獠军部村）的57户贫困户结成帮扶对子。围绕肉兔生产的各个环节提供统一服务，并不定期跟踪上门一对一服务，多次开展集中培训，使社员的仔兔成活率达到90%以上，种兔的经济效益提高了25%，户均收入6 000元。

第六章
肉兔场卫生防疫及疫病防控

随着肉兔养殖规模的不断扩大和数量的不断增加，兔病也越来越多，已经成为制约肉兔生产的重要因素。通过采取综合措施，坚持防重于治的原则，可有效地预防和控制兔病的发生，减少由兔病导致的经济损失。

一、卫生防疫制度

为了做好卫生防疫工作，确保生产的顺利进行，肉兔场应建立严格的卫生防疫制度，并严格遵守。

第一，进生产区消毒。兔场生产区入口处设更衣室和消毒池。消毒池中消毒液应经常更换，以保持其有效性，工作人员更衣消毒后方可进入生产区。

第二，兔场谢绝参观。禁止外来车辆和人员进入生产区。如遇特殊情况，需经兔场主管人员同意，严格消毒、更换防护服后方可进入，并遵守场内的一切防疫制度。

第三，保持环境卫生，加强日常消毒。保持场区、兔舍及周边环境卫生。每月带兔消毒 3～4 次，每季度对兔舍进行 1 次彻底的清扫和消毒，发生重大疫情时应及时进行全场消毒。

第四，严格隔离制度。肉兔场引进种兔时，应选择健康种兔场，在引种时应经产地检疫，并持有动物检疫合格证明。在起运前，车辆和运兔笼具要彻底清洗消毒，并持有动物及动物产品运载工具消毒证明。种兔引进后，应隔离饲养30～40天，经观察无病后，方可引入生产区进行饲养。

日常生产中发现不能确诊的病例，应隔离饲养。及时请兽医或送有关部门确诊，根据诊断结果，采取相应措施。

第五，按计划进行免疫接种。

第六，消灭传播媒介。消灭蚊、蝇和老鼠等，同时防止狗、猫进入兔场。

第七，病死兔处理。病死兔的剖检只能在病理解剖室进行，工作完毕后对其场所及周围环境进行严格消毒，污物及尸体包装后深埋或送焚化炉焚化。传染病致死的兔尸或因病扑杀的死兔应进行无害化处理。患病兔所接触或可能接触的笼具须严格消毒，必要时对整个兔舍及周围环境亦进行消毒。

二、兔场清洁和消毒

清洁和消毒是兔场卫生防疫的重要措施，通过清洁和消毒，可以清除和杀灭兔舍内外环境中的病原体，切断传播途径，防止疾病的发生和流行。

（一）清洁卫生

保持场区、兔舍及周边环境卫生。通过清扫、洗刷和通风等，可以移除和减少携带病原的有机载体。封闭式兔舍应每天清扫粪尿和其他污物，进行通风，保持兔舍清洁、干燥和空气清新；半封闭式或开放式兔舍可定期清理。料槽、饮水器具、底板、地面等应经常洗刷，并进行消毒。随时检查、更换产仔箱中的垫料，保持干燥卫生，撤下的产仔箱应彻底清洗、消毒备用。全场每季度进行1次彻底清扫。

（二）消　毒

消毒是指根据不同的生产环节、对象，采用适宜的方法（包括物理的、化学的或生物学的）清除或杀灭体表及其生存环境中的病原微生物及其他有害微生物。兔场应建立严格的消毒制度，定期对兔舍、笼具及兔场周围环境进行消毒。

消毒方法和消毒药物的使用等按 NY／T 5133—2002 的规定执行。

1. 入场消毒　在场区入口处、生产区入口处和不同兔舍的门口设消毒池，池内消毒液要经常更换，以保持其有效性。人员和车辆消毒后方可进场。工作人员必须在更衣室更换工作服，经消毒后进入生产区，下班更衣后再出场。工作服应保持清洁，定期消毒。非生产人员未经批准，禁止进入生产区。特殊情况下，非生产人员和外来人员经严格消毒，更换防护服后方可进入，并遵守场内的一切防疫制度。

2. 日常消毒　周围环境和兔舍进行喷雾消毒。墙面和顶棚可用10%～20% 石灰乳粉刷。地面用水冲洗干净，晾干后用 3% 来苏儿或 10% 石灰乳喷洒地面。兔舍根据季节和具体情况，每月带兔消毒 3～4 次，每季度对兔舍进行 1 次彻底的清扫和消毒。发生重大疫情时应及时进行全场消毒。全进全出的兔舍在一批商品兔出栏后进行，可采用熏蒸消毒。

料槽、水槽等器具放消毒池内用消毒液浸泡 2 小时左右，然后用水冲洗干净，晾干备用。底板洗刷干净后在消毒液中浸泡。

兔笼可用喷雾消毒，金属笼具可定期采用火焰喷灯消毒，以烧掉挂在笼具上的兔毛等污物。

工作服、毛巾、手套等，用 1%～2% 来苏儿洗涤后，高压或煮沸消毒 20～30 分钟。工作人员的手可用 0.1% 新洁尔灭溶液清洗消毒。

（三）消毒方法

1. 物理消毒方法

（1）热力消毒 包括火烧、煮沸、高压消毒等。能使病原体蛋白凝固变性，使其失去正常代谢功能。

①火烧 金属笼具可用火焰消毒，病死兔尸体可进行焚烧。

②煮沸 经煮沸 30 分钟，一般微生物可被杀死，主要用于工作服和医疗器械等的消毒。煮沸消毒时，物品应浸于水面下，不超过容器容积的 3/4，留出空隙以利对流。

③高压消毒 通常保持压力 0.10～0.15 兆帕、温度为 121℃～126℃、15～20 分钟，即能彻底杀灭各种细菌及耐热芽胞。可用于工作服和医疗器械等耐热、耐高压物品的消毒。

（2）辐射消毒 目前应用最多为紫外线，可用于近距离的空气及一般物品表面消毒。照射人体能使人的皮肤和眼睛受到损伤，使用时工作人员应避开或采取相应的保护措施。可利用日光中的紫外线，将产仔箱、垫草和饲料等放在直射阳光下暴晒 2～3 小时。

2. 化学消毒方法 化学消毒方法是使用化学药品进行消毒。化学消毒剂作用较强，能迅速杀灭病原，主要用于兔舍、笼具、器械和环境等的消毒。影响化学消毒剂效果的因素很多，在选择消毒剂时，应考虑对病原的作用力强、对人和动物毒性小、不损害被消毒的物品、易溶于水、在消毒环境中稳定、不易失效等因素。常用的化学消毒方法有喷雾法、饮水法、浸泡法和熏蒸法等。

（四）常用消毒剂

消毒剂的种类有多种，常用的兽用消毒剂主要有：酚、醛、醇、酸、碱、氯制剂、碘制剂、重金属盐类、表面活性剂等。兔场常用的消毒剂主要有下列几类。

1. 酚类 这类消毒剂能使病原微生物的蛋白变性、沉淀而起到杀菌作用，能杀死一般细菌。复合酚能杀灭芽胞、病毒和真菌。主要有来苏儿和复合酚。

来苏儿（甲酚皂溶液），用于皮肤、器械、环境消毒及排泄物处理。对皮肤的消毒用 1%～2% 溶液。浸泡、喷洒或擦抹被污染的地面或物体表面，使用浓度为 1%～5%。消毒敷料、器械及处理排泄物使用浓度为 5%～10%。复合酚，可杀灭细菌、真菌和病毒，对多种寄生虫卵也有杀灭作用。可用于兔舍、笼具、地面和排泄物的消毒。喷洒浓度为 0.35%～1%。通常用药 1 次，药效可保持 7 天。对严重污染的环境，可适当增加浓度与喷洒次数。稀释用水的温度最好不低于 8℃，禁止与碱性药物或其他消毒药液混用，严禁使用喷洒过农药的喷雾器喷洒本药。

2. 醛类　常用的醛类消毒剂有甲醛与戊二醛。甲醛具有极强的杀菌力。甲醛刺激性气味强，对皮肤、黏膜有强烈的刺激作用，多用于浸泡、熏蒸消毒，与氧化剂（高锰酸钾等）结合用于空舍的封闭式熏蒸消毒。戊二醛气味较小，杀菌作用较甲醛强 2～10 倍，渗透能力强，对细菌、病毒、真菌及芽孢等都有极强的杀灭作用，不宜在物体表面聚合，效果优于甲醛，但对碳钢制品有一定的损害。

3. 表面活性剂类　这类消毒剂又称去污剂或清洁剂，可降低菌体的表面张力，有利于油的乳化而除去油污，产生一定的清洁作用。另外，表面活性剂还能吸附于细菌表面，改变菌体细胞膜的通透性，使菌体内的酶、辅酶和中间代谢产物逸出，阻碍了细菌的呼吸和糖酵解的过程，使菌体蛋白变性，而出现杀菌作用。常用的有季铵盐类和新洁尔灭等。

季铵盐类消毒剂有单链季铵盐和双链季铵盐两种。单链季铵盐属阳离子表面活性剂，无刺鼻味、药性温和、安全性高、腐蚀性低、对畜禽伤害低，对细菌、病毒杀灭力尚可，但渗透力差，当有机物存在时其效力降低；双链季铵盐具有单链季铵盐的优点，且杀菌能力较单链季铵盐强，但渗透力差。此类消毒剂可用于带畜消毒，亦可用于空舍、洗手、笼具、运输车辆、料槽、水槽等的消毒。

新洁尔灭兼有杀菌和去垢效力，作用强而快，对金属无腐蚀作用,不污染衣物。可用于皮肤及器械的消毒。皮肤消毒浓度为0.1%。器械消毒时将器械置于0.1%的溶液中煮沸15分钟后再浸泡30分钟。忌与肥皂、盐类或其他合成洗涤剂同时使用,避免使用铝制容器,消毒金属器械需加0.5%亚硝酸钠防锈。

4. 碱类 常用的碱类消毒药主要有氢氧化钠、石灰乳、草木灰、苏打等。碱类消毒作用的机理是阴性氢氧根离子能水解蛋白质和核酸,使细菌酶系统和细胞结构受损害;同时碱还能抑制细菌的正常代谢功能,分解菌体中的糖类,使菌体失活。它对病毒具有杀灭作用,可用于病毒性传染病的消毒,高浓度碱液亦可杀灭芽胞。碱类消毒剂最常用于兔场场区及兔舍地面、底板及含有病原排泄物和废弃物的消毒。

5. 氧化剂类 常用的氧化剂消毒剂有高锰酸钾、过氧乙酸等。过氧乙酸的杀菌能力最强,使用最广泛。该类消毒剂杀菌谱广,对细菌芽胞、病毒、真菌等均具杀灭效果,但有刺激性酸味,易挥发,有机物存在可降低其杀菌效果。可用于浸泡、喷洒消毒,也可用于空舍消毒。

6. 卤素类 卤素(包括氯、碘等)对细菌原生质及其他结构成分有高度的亲和力,易渗入细胞,之后和菌体原浆蛋白的氨基或其他基因相结合,使其菌体有机物分解或丧失功能呈现杀菌作用。常用的该类消毒剂包括:氯制剂和碘制剂。

含氯制剂即漂白粉、二氧化氯、次氯酸钠等。该类消毒剂杀菌谱广,对细菌繁殖体、病毒、真菌孢子及细菌芽胞都有杀灭作用,但挥发性大,有氯气的臭味,对黏膜有刺激性,一般都不宜久存。可用于饮水消毒,亦可用于畜禽舍、用具、运输车辆、手等的消毒。

含碘制剂主要有碘酊、碘附等。此类消毒剂杀菌谱广,对细菌芽胞、病毒、原虫、真菌等的杀灭效果佳。对黏膜刺激性小、毒性低,但当有机物存在时效力减弱且容易见光分解。可用于皮肤和伤口消毒。

7. 醇类 醇类主要用于皮肤、器械及注射针头等的消毒,如

75% 的酒精。

进行消毒时，应先清除兔舍内的粪尿等有机物，并根据消毒的目的选用合适的消毒剂、使用合适的浓度，以免对兔子造成伤害或造成不必要的浪费。

三、免疫预防规程

免疫预防是控制传染病的必要措施，各肉兔饲养场应根据《中华人民共和国动物防疫法》，按照兽医主管部门的要求，并结合当地实际情况，制定科学合理的免疫计划和免疫程序，并严格实施。在免疫过程中应注意疫苗的选择和免疫方法的正确使用。

按照国务院兽医主管部门的规定，做好免疫记录，建立免疫档案，实施可追溯管理。

（一）免疫计划

根据《中华人民共和国动物防疫法》，结合各地、各饲养场疾病发生情况制定科学合理的免疫计划。兔病毒性出血症（兔瘟）必须进行免疫预防，其他疾病可根据实际情况进行免疫。

（二）免疫程序

应根据抗体检测水平适时调整免疫程序。参考免疫程序如表6-1。

表6-1　建议免疫程序

	时　间	疫　苗	剂量（毫升）	接种方法
商品肉兔（70 日龄出栏）	35～40 日龄	兔病毒性出血症（兔瘟）灭活疫苗	2	皮下注射
		或兔病毒性出血症（兔瘟）、多杀性巴氏杆菌病二联灭活疫苗	2	皮下注射

续表 6-1

	时　间	疫　苗	剂量（毫升）	接种方法
商品肉兔（70 日龄以上出栏）	35～40 日龄	兔病毒性出血症（兔瘟）、多杀性巴氏杆菌病二联灭活疫苗	2	皮下注射
	首免后 20 天	兔病毒性出血症（兔瘟）、多杀性巴氏杆菌病二联灭活疫苗	1	皮下注射
		或兔病毒性出血症（兔瘟）灭活疫苗	1	皮下注射
种母兔	间隔 6 个月	兔病毒性出血症（兔瘟）、多杀性巴氏杆菌病二联灭活疫苗		皮下注射
		产气荚膜梭菌病（A 型）（魏氏梭菌病灭活疫苗）	2	皮下注射
种公兔	间隔 6 个月	兔病毒性出血症（兔瘟）、多杀性巴氏杆菌病二联灭活疫苗	1	皮下注射
		产气荚膜梭菌病（A 型）（魏氏梭菌病）灭活疫苗	2	皮下注射

（三）疫苗选择

根据免疫计划选择适宜的疫苗，同时注意疫苗质量。疫苗的质量直接影响到兔群免疫效果，要选购具有生产资质企业的疫苗产品。目前，国内批准生产的兔用疫苗为：兔病毒性出血症（兔瘟）灭活疫苗；多杀性巴氏杆菌病灭活疫苗；家兔产气荚膜梭菌病灭活疫苗；兔病毒性出血症、多杀性巴氏杆菌病二联灭活疫苗；家兔多杀性巴氏杆菌病、支气管败血波氏杆菌感染二联灭活疫苗；兔病毒性出血症、多杀性巴氏杆菌病、产气荚膜梭菌病（A 型）三联灭活疫苗等。上述疫苗都是灭活疫苗，保存温度为 2℃～8℃，严禁冷冻。

（四）免疫方法

在接种前应充分做好准备工作，注射器、针头、镊子等消毒备用。目前兔用疫苗的接种方法均为皮下注射。选择颈后部、股内侧等皮肤松弛部位，经消毒后，用左手拇指和食指将皮肤提起呈三角形，右手持注射器，在三角形底部与兔体平行迅速刺入皮下，左手松开，推入疫苗，拔出针头，用消毒干棉球轻压片刻防止疫苗流出。每接种一只换1个针头，以避免交叉感染。注射前将疫苗摇匀，不同疫苗的免疫间隔为3～5天。

四、肉兔场兽药使用规程

肉兔场应加强饲养管理，建立严格的生物安全体系，按计划进行免疫，增强肉兔自身的免疫力，降低发病概率，及时淘汰病兔，最大限度地减少化学药品和抗生素的使用。必须使用兽药进行肉兔疾病的防治时，应在兽医指导下进行，选择对症药品，避免滥用药物。

（一）兽药使用原则

肉兔场所用兽药应符合《中华人民共和国兽药典》、《中华人民共和国兽药规范》和《兽药质量标准》的相关规定，应产自具有《兽药生产许可证》和产品批准文号的生产企业，来自具有《兽药经营许可证》和《进口兽药许可证》的供应商。肉兔场的兽药使用应该严格遵守《兽药管理条例》。

遵守国务院兽医行政管理部门制定的兽药安全使用规定，并建立用药记录。禁止使用假、劣兽药以及未经国家畜牧兽医行政管理部门批准的药物或已经淘汰的兽药，禁止使用《食品动物禁用的兽药及其他化合物清单》中的药物及其他化合物。使用有休药期规定的兽药时，应当向购买者或者屠宰者提供准确、真实的用药记录。禁止在饲料和饮用水中添加激素类药品和国务院兽医行政管理部门规定的其他禁用药品。禁止将原料药直接添加到饲料及饮用水中或者直接饲喂。经批准可以在饲料中添加的兽药，应当由兽药生产企业制成药物饲料添加剂后方可使用。禁止将人用药品用于动物。

（二）常用药物及停药期

常用药物及停药期见表 6-2。

表 6-2　常用药物及停药期

药品名称	作用与用途	停药期（天）
注射用氨苄西林钠	抗生素类药，用于治疗青霉素敏感的革兰氏阳性菌和革兰氏阴性菌感染	不少于 14
注射用盐酸土霉素	抗生素类药，用于革兰氏阳性、阴性细菌和支原体感染	不少于 14
注射用硫酸链霉素	抗生素类药，用于革兰氏阴性菌和结核杆菌感染	不少于 14
硫酸庆大霉素注射液	抗生素类药，用于革兰氏阴性和阳性细菌感染	不少于 14
硫酸新霉素可溶性粉	抗生素类药，用于革兰氏阴性菌所致的胃肠道感染	不少于 14
注射用硫酸卡那霉素粉	抗生素类药，用于败血症和泌尿道、呼吸道感染	不少于 14
恩诺沙星注射液	抗菌药，用于防治兔的细菌性疾病	14
黄霉素预混剂	抗生素类药，用于促进兔生长	0
盐酸氯苯胍片	抗寄生虫药，用于预防兔球虫病	7
盐酸氯苯胍预混剂	抗寄生虫药，用于预防兔球虫病	7
拉沙洛西钠预混剂	抗生素类药，用于预防兔球虫病	不少于 14
伊维菌素注射液	抗生素类药，对线虫、昆虫和螨均有驱杀作用，用于治疗兔胃肠道各种寄生虫病和兔螨病	28
地克珠利预混剂	抗寄生虫药，用于预防兔球虫病	不少于 14
氯羟吡啶预混剂	抗寄生虫药，用于预防兔球虫病	5

资料来源：中华人民共和国农业部公告第 278 号。

（三）球虫病药物预防参考程序

目前，肉兔球虫病比较普遍，采用药物预防，可在一定时间内使兔群得到保护，有效控制疾病的发生和蔓延。同时，通过加强饲养管理，逐步使球虫病得到控制和净化。

断奶幼兔饲料中添加抗球虫病药物，采取连续用药方式，在商品兔上市前严格执行相应药物的停药期规定。

地克珠利预混剂（每1000克中含地克珠利2克或5克）：混饲，每1000千克饲料添加1克（以有效成分计），停药期14天。

盐酸氯苯胍预混剂（每1000克中含盐酸氯苯胍100克）：混饲，每1000千克饲料添加1000～1500克，停药期7天。

磺胺氯吡嗪钠可溶性粉（商品名称三字球虫粉，每1000克中含磺胺氯吡嗪钠300克）：混饲，每1000千克饲料添加200克，连用15天。

氯羟吡啶预混剂（每1000克中含氯羟吡啶250克）：混饲，每1000千克饲料添加800克，停药期5天。

上述药物可进行轮换或穿梭用药。

（四）禁用药

1. 我国规定的禁用药　根据中华人民共和国农业部公告第193号《食品动物禁用的兽药及其他化合物清单》规定，以及农业部办公厅关于加强喹乙醇使用监管的通知（农办医【2009】23号），禁止在食品动物饲养过程中使用下列药物及化合物（表6-3）。

表6-3　禁止在食品动物饲养过程中使用的药物

兽药及其他化合物名称	禁止用途	禁用动物
β-兴奋剂类：克仑特罗 Clenbuterol、沙丁胺醇 Salbutamol、西马特罗 Cimaterol 及其盐、酯及制剂	所有用途	所有食品动物
性激素类：己烯雌酚 Diethylstilbestrol 及其盐、酯及制剂；甲基睾丸酮 Methyltestosterone，丙酸睾酮 Testosterone Propionate、苯丙酸诺龙 Nandrolone Phenylpropionate、苯甲酸雌二醇 Estradiol Benzoate 及其盐、酯及制剂	所有用途	所有食品动物

续表 6-3

兽药及其他化合物名称	禁止用途	禁用动物
具有雌激素样作用的物质：玉米赤霉醇 Zeranol、去甲雄三烯醇酮 Trenbolone、醋酸甲孕酮 Mengestrol，Acetate 及制剂	所有用途	所有食品动物
氯霉素 Chloramphenicol 及其盐、酯（包括：琥珀氯霉素 Chloramphenicol Succinate）及制剂	所有用途	所有食品动物
氨苯砜 Dapsone 及制剂	所有用途	所有食品动物
硝基呋喃类：呋喃唑酮 Furazolidone、呋喃它酮 Furaltadone、呋喃苯烯酸钠 Nifurstyrenate sodium 及制剂	所有用途	所有食品动物
硝基化合物：硝基酚钠 Sodium nitrophenolate、硝呋烯腙 Nitrovin 及制剂	所有用途	所有食品动物
催眠、镇静类：安眠酮 Methaqualone 及制剂	所有用途	所有食品动物
各种汞制剂 包括：氯化亚汞（甘汞）Calomel, 硝酸亚汞 Mercurous nitrate、醋酸汞 Mercurous acetate、吡啶基醋酸汞 Pyridyl mercurous acetate	杀虫剂	所有食品动物
性激素类：甲基睾丸酮 Methyltestosterone、丙酸睾酮 Testosterone Propionate、苯丙酸诺龙 Nandrolone Phenylpropionate、苯甲酸雌二醇 Estradiol Benzoate 及其盐、酯及制剂	促生长	所有食品动物
催眠、镇静类：氯丙嗪 Chlorpromazine、地西泮（安定）Diazepam 及其盐、酯及制剂	促生长	所有食品动物
硝基咪唑类：甲硝唑 Metronidazole、地美硝唑 Dimetronidazole 及其盐、酯及制剂	促生长	所有食品动物
喹乙醇	抗菌促生长	体重超过35千克以上的猪和禽、鱼等其他种类动物

注：食品动物是指各种供人食用或其产品供人食用的动物。

另外，根据中华人民共和国农业部公告第 176 号《禁止在饲料和动物饮用水中使用的药物品种目录》，禁止在饲料中添加各种抗生素滤渣。抗生素滤渣是抗生素类产品生产过程中产生的工业三废，因含有微量抗生素成分，在饲料和饲养过程中使用后对动物有一定的促生长作用。但对养殖业的危害很大，一是容易引起耐药性，二是由于未做安全性试验，存在各种安全隐患。

2. 欧盟禁用的兽药及其他化合物清单 ① 阿伏霉素 ② 洛硝达唑 ③ 卡巴多 ④ 喹乙醇 ⑤ 杆菌肽锌（禁止作饲料添加药物使用）⑥ 螺旋霉素（禁止作饲料添加药物使用）⑦ 维吉尼亚霉素（禁止作饲料添加药物使用）⑧ 磷酸泰乐菌素（禁止作饲料添加药物使用）⑨ 阿普西特 ⑩ 二硝托胺 ⑪ 异丙硝唑 ⑫ 氯羟吡啶 ⑬ 氯羟吡啶/苄氧喹甲酯 ⑭ 氨丙啉 ⑮ 氨丙啉/已氧酰胺苯甲酯 ⑯ 地美硝唑 ⑰ 尼卡巴嗪 ⑱ 二苯乙烯类及其衍生物、盐和酯，如已烯雌酚等 ⑲ 抗甲状腺类药物，如甲硫咪唑，普萘洛尔等 ⑳ 类固醇类，如雌激素，雄激素，孕激素等 ㉑ 二羟基苯甲酸内酯，如玉米赤霉醇 ㉒ β-兴奋剂类，如克伦特罗，沙丁胺醇，喜马特罗等 ㉓ 马兜铃属植物及其制剂 ㉔ 氯霉素 ㉕ 氯仿 ㉖ 氯丙嗪 ㉗ 秋水仙碱 ㉘ 氨苯砜 ㉙ 甲硝咪唑 ㉚ 硝基呋喃类。

五、家兔常见病防治

（一）家兔主要病毒病

兔病毒性出血症

兔病毒性出血症是家养和野生穴兔的一种高度传染性、急性致死性传染病，以呼吸系统出血、肝坏死及实质脏器水肿、淤血及出血性变化为主要特征，俗称"兔瘟"。1984 年杜念兴、徐为燕等在我国首先报道，1986—1987 年在欧洲出现，给养兔业以毁灭性打击。据报道，有 40 多个国家存在该病，目前在亚洲、欧洲和中美地区流行。1989 年，国际兽疫局（OIE）将该病正式列为"国际动物保健编目" B 类疫病，我国将其列为二类动物疫病。

【病　原】　本病的病原为兔出血症病毒，属嵌杯病毒科兔病毒属。感染后主要存在于肝组织。所致症状与欧洲野兔综合征病毒相似，但二者不发生交叉感染。

在家兔尸体内至少可以存活 3 个月，但病毒粒子直接暴露在环境中能存活的时间少于 1 个月。

【流行特点】　本病无明显的季节性，秋、冬季节多发，炎热夏季发病较少。病毒只感染家兔，各品种家兔均易感，无性别差异，主要危害青、壮年兔，老龄兔和 2 月龄以下的仔幼兔一般不发病。但近几年本病有幼龄化的趋势。

病毒经粪—口途径传播，病死兔是主要的传染源，污染的饲料、饮水及用具均可传播。澳大利亚和新西兰引进兔出血症病毒用以控制当地过多的野生家兔，意外发现蚊、蝇以及乌鸦、鹰等肉食鸟可作为病毒的传播媒介。

【临床症状】　根据临床特征可分为 4 型。最急性、急性、亚急性和慢性型。

①最急性型　家兔感染后常不表现任何明显症状即突然死亡，死前往往在笼内乱跳几下、惨叫几声即倒地死亡，死后呈"角弓反张"，鼻孔有泡沫样血液流出。最急性型多发生在流行初期。

②急性型　潜伏期为 12～48 小时，体温升高至 41℃左右，患兔精神沉郁、活动减少，食欲减退、喜饮水，呼吸急促。濒死前突然兴奋，在笼内狂奔，然后前肢伏地、后肢支起，全身颤抖倒向一侧，倒地后四肢划动、抽搐，惨叫几声而死。少数死兔鼻腔流出泡沫样血液。急性型多发生在流行中期。

最急性型和急性型大多发生于青年兔和成年兔，死前肛门松弛，肛门周围兔毛被少量淡黄色黏液沾污，粪球外附裹有淡黄色胶样分泌物。

③亚急性型　一般发生在流行后期，多发于 3 月龄以内的幼兔，兔体消瘦，被毛无光泽，病程 2～3 天或更长，大部分愈后不良。

④慢性型　患病兔精神沉郁，四肢无力，呈瘫痪症状，不吃不喝，病程持续很长时间，耐过者已失去饲养价值，应及时淘汰。

【防　治】　本病以预防为主，制定严格的免疫程序，定期进行疫苗免疫注射。目前使用的疫苗是兔病毒性出血症灭活苗，根据建议用量，成年兔每年免疫2次，35～40日龄幼兔进行首免，60～65日龄加强免疫。在实际生产中可根据当地的疾病流行情况适当调整免疫时间及间隔。发生疫情时可采取紧急预防措施，用3～4倍量兔病毒性出血症灭活苗进行注射；或用高免血清进行皮下注射，之后7～10天再进行疫苗免疫。

传染性水疱性口炎

传染性水疱性口炎的主要特征是口腔黏膜发生水疱性炎症，大量流涎，故又称"流涎病"。具有较高的发病率和死亡率。

本病的病原是水疱性口炎病毒，属弹状病毒科水疱病毒属。

【流行特点】　本病多发于春、秋季节，主要侵害1～3月龄幼兔。病兔是主要的传染源，口腔黏膜和唾液中含有大量的病毒。健康家兔采食了被污染的饲料、饮水时，病毒通过唇、舌和口腔黏膜感染。饲养管理不当及喂饲霉烂饲料、口腔黏膜损伤时，更容易感染。

【临床症状】　部分病兔体温可升至40℃～41℃。发病初期表现为口腔黏膜潮红，随着病情的发展，在唇、舌、硬腭和口腔黏膜上出现粟粒至扁豆大小的结节和水疱，水疱内充满清朗液体，破溃后形成溃疡，大量流涎，使唇周围、颌下、胸前和前肢的被毛被沾湿。由于口腔炎症和溃疡，病兔食欲废退，精神沉郁，发生腹泻，日渐消瘦、衰弱，5～10天发生死亡。患病兔死亡率可达50%。

【防　治】

①预防　目前没有用于预防本病的疫苗。平常加强饲养管理，注意粗饲料质量，避免造成口腔黏膜损伤。一旦发现有流涎的家兔应立即隔离，并对污染笼具等进行消毒，以防扩散。

②治疗　主要采取对症治疗措施，并使用抗菌药物控制继发感

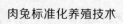
染。先用 2% 硼酸溶液、2% 明矾溶液、0.1% 高锰酸钾溶液或 1% 盐水冲洗口腔，再涂擦碘甘油、撒布黄芩粉或冰硼散。将青黛散涂擦或撒布病兔口腔，1 日 2 次，连续 2～3 天。

配合全身治疗，将磺胺嘧啶或磺胺二甲基嘧啶按每千克体重每天 0.2～0.5 克，吗啉哌 10 毫克，加维生素 B_1、维生素 B_2 内服。

兔轮状病毒病

轮状病毒于 1969 年首先在腹泻犊牛的粪便中发现，之后在人、绵羊、猪、马、犬、猫、兔、鼠、猴和禽均有发现。各种动物轮状病毒所致腹泻症状和流行病学相似，一般仅发生于幼龄动物。仔幼兔多发，成年兔一般呈隐性感染。

本病的病原是轮状病毒，属呼肠孤病毒科轮状病毒属。

【流行特点】 兔轮状病毒被认为只是一种温和型病原，它主要引起断奶兔的肠道疾病，与其他病毒、细菌（大肠杆菌、梭菌）和寄生虫混合感染造成更严重的肠炎暴发。家兔经过口—粪便途径感染。母源抗体可持续 30～45 天，因此 35～50 日龄幼兔易发生感染，发病率高，成年兔多呈隐性感染。患肠炎病兔由于脱水和继发细菌感染而死亡。存活的家兔一般因为吸收能力差而生产能力下降。

【临床症状】 本病发病突然，潜伏期为 16～24 小时，无特定临床症状，表现为腹泻、食欲减退和精神沉郁。腹泻症状发生在排毒初期，持续 6～8 天，通常伴随着便秘。严重者发病后 2～3 天可因脱水死亡。如果并发或继发细菌感染，发病死亡将加剧。

【防　治】 本病主要危害刚断奶的仔兔，至今还没有有效的防治措施，所以要加强对断奶仔幼兔的饲养管理及卫生防疫措施。发现病兔及早隔离治疗，及时补液，以增强机体的抗病能力。

兔黏液瘤病

兔黏液瘤病是由兔黏液瘤病毒引起的一种高度接触性、致死性传染病。本病的特征是全身皮下，尤其是颜面部和天然孔周围皮下发生肿胀。本病最早于1896年在乌拉圭发现，目前已在欧洲、美洲及澳洲存在。我国目前未发现此病。

本病的病原是黏液瘤病毒，属痘病毒科兔痘病毒属。

【流行特点】　家兔易感，新疫区发病时，死亡率极高。美洲野兔感染兔黏液瘤病只产生局部的良性纤维瘤。澳大利亚曾引进本病毒，以消灭过剩的野生家兔，之后病毒毒力不断减弱，而宿主的抗性逐渐增强，产生相互适应的结果。因此，流行地区的死亡率逐渐下降。本病主要传播方式是直接接触或与被污染的饲料、饮水、用具等间接接触传染。在自然界最重要的传播方式是通过节肢动物媒介，如蚊、蚤、蜱、螨等。在这些昆虫孳生的季节易引起本病的流行。

【临床症状】　由于毒株毒力和兔品种间易感性的不同，临床表现的症状也就不同。家兔感染本病后48小时可出现临床症状，首先是眼结膜炎，接着是头部广泛肿胀，眼睑肿胀，耳郭、鼻、口、颌下等处水肿，呈特征性的"狮子头"症状。身体其他部位也有类似的肿胀，如肛门和外生殖器周围。随后水肿部位皮下出现胶冻样肿瘤，特别多见于黏膜与皮肤交界处。两眼流出黏液性至脓性分泌物。严重者体温升高至42℃。

【防　治】　在黏液瘤病毒流行的地区，控制黏液瘤病主要采取直接和间接预防措施相结合的方法。基本上包括采取生物安全措施（如避免引进已感染家兔或者与带毒的节肢动物接触）和使用疫苗。使用的疫苗属于弱毒疫苗，由组织培养或异种宿主连续传代的病毒制备。虽然这些疫苗可以诱导产生抗体，但不能完全保护家兔不受病毒感染。

我国目前尚无此病的报道，要严防由国外传入，严禁从有本病的国家引进种兔及兔产品。对引入种兔必须隔离观察，以排除黏液瘤病。

（二）家兔主要细菌病

大肠杆菌病

家兔大肠杆菌病是由致病性大肠杆菌引起的，家兔水样腹泻、排胶冻样物或便秘。当饲养管理不当或气候突变时，机体抵抗力下降，大肠杆菌便大量繁殖而引发本病，造成家兔大批死亡。

本病的病原为大肠埃希氏菌，俗称大肠杆菌，属肠杆菌科埃希氏菌属，革兰氏阴性无芽孢杆菌。

【流行特点】 本病一年四季都可发生，冬、春季节多发，但与饲养管理和环境因素的变化有密切关系。本病能感染各种年龄、性别和品种的家兔，但断奶至3月龄幼兔最易感。本病主要通过消化道感染，因此应加强饲养管理，保持饲料、饮水和笼具不被病菌污染。

【临床症状】 临床症状表现不一，有的排稀便，后躯被粪便污染，食欲废退，精神沉郁，伏卧不动，急性病例通常1～2天死亡；有的病兔排棕色、呈糊状粪便，食欲下降，精神不振，一般及时治疗可以康复；病程较长的病兔，在后期排胶冻样物；有的病兔表现为便秘，粪粒变小，有的裹有黏液，精神沉郁，食欲废退，逐渐消瘦以至死亡。

【防　治】

①预防　大肠杆菌是条件致病菌，药物治疗效果不佳，因此应注重饲养管理，减少应激因素，尤其是对刚断奶的仔兔，提供适宜的饲养环境，温度不宜过低，饲料更换要循序渐进，不能突然改变。

②治疗　用5%诺氟沙星（0.5毫升/千克体重）或庆大霉素（2万～3万单位/千克体重）或螺旋霉素（10毫克/千克体重）或卡那霉素（25万单位）肌内注射，每天2次。口服磺胺片，每天3次。对病程稍长的病兔进行补液，静脉或腹腔缓慢注射5%糖盐水20～50毫升，另加1毫升维生素C。便秘兔早期可口服补液盐、大

黄苏打片、液状石蜡或植物油以促其排便，并投喂新鲜青绿饲料。

巴氏杆菌病

巴氏杆菌病是家兔常见的一种危害性较大的传染病，又称兔出血性败血症。家兔对本病易感，在临床上表现为多种症状，常见的有鼻炎、中耳炎、结膜炎、肺炎和子宫脓肿等。

本病的病原为多杀性巴氏杆菌，属巴氏杆菌科巴氏杆菌属。

【流行特点】 本病多发于秋末至早春季节，常呈散发或地方性流行。一般情况下，家兔鼻腔黏膜带有巴氏杆菌而不表现症状，当遇到应激因素，如兔群过分拥挤、通风不良、气候突变等，或感染其他疾病时，机体抵抗力下降，存在于上呼吸道的巴氏杆菌趁机大量繁殖、毒力增强，病菌随排泄物、分泌物排出，感染易感兔而引发本病。发病后如不采取措施，可造成大批死亡。病兔及隐性带菌兔是主要传染源，其排泄物、分泌物污染饲料、饮水、空气及用具，是主要的传播途径。

【临床症状】 由于细菌毒力、数量、机体抵抗力和感染部位的不同，本病的潜伏期长短不一，可从几小时到几天或更长，其临床症状和病理变化也不相同。

①出血性败血症 在急性发病初期，病兔呈全身出血性败血症，往往看不到症状就突然死亡。病程稍长的病兔体温升高到41℃以上，精神不振，食欲减退，呼吸加快至呼吸困难，鼻孔中流出浆液性、脓性分泌物。死前体温下降，出现发抖、抽搐、瘫痪等症状。可见死亡兔鼻端出血。

②肺炎 主要病变在肺部，常表现为纤维素性肺炎和胸膜炎，家兔在笼内运动较少，一般不表现明显的呼吸困难症状，多进行腹式呼吸，精神沉郁，食欲不振或废绝，病程长短不一，多因消瘦、衰弱而死亡。

③传染性鼻炎 传染性鼻炎在临床上常见。病兔表现为上呼吸道卡他性炎症，鼻孔不断流出浆液性、脓性分泌物，常打喷嚏。由

于分泌物刺激鼻黏膜，病兔常用前爪抓鼻，鼻孔周围的被毛潮湿、缠结，皮肤红肿。后期由于结痂阻塞鼻孔而造成呼吸困难。鼻炎病程很长，临床上表现为时好时坏。病兔长期带菌，成为主要的传染源。

④中耳炎　中耳炎一般发生在一侧，单纯的中耳炎除从鼓室流出奶油状分泌物外，可不表现其他症状。如病原菌侵入内耳或颅腔，可导致病兔头颈歪向一侧，称为斜颈或歪头病，身体向一侧翻转或滚动，严重时病兔运动失调，出现神经症状。如果不影响采食和饮水，可长期存活，影响采食的最终消瘦、衰竭死亡。

⑤结膜炎　可以由患鼻炎兔的抓挠引起感染。病兔眼睑红肿，结膜潮红，有浆液性或脓性分泌物流出。患病兔畏光，长期流泪，严重时分泌物糊住眼睛，有的可导致失明。

⑥生殖器炎症　患病部位包括母兔子宫、公兔睾丸和附睾，主要通过配种相互传染，母兔发病率高于公兔。母兔患子宫炎时，阴道流出脓性分泌物，有的呈砖红色，不易发情和受胎；公兔睾丸炎表现为一侧或双侧睾丸肿大，与配母兔受胎率低。

⑦脓肿　全身各部位皮下都可发生脓肿，有的被膜破溃而流出脓性分泌物，有的慢性脓肿可形成干酪状物。

【防　治】

①预防　加强饲养管理，兔舍通风良好，控制饲养密度。定期对兔舍和兔场周围进行消毒。定期注射兔多杀性巴氏杆菌病灭活疫苗，1年2～3次。引进种兔时严格检疫，隔离饲养1个月，确认健康无病方可入群。

②治疗　发现病兔及时隔离治疗或淘汰。在治疗上应做到早发现早治疗，有条件的单位可对分离菌株做药敏试验，选用敏感的药物进行治疗，3～5天为1个疗程。氧氟沙星（0.8～1.0毫升/千克体重）肌内注射，每天1次，连用3～5天；庆大霉素（2万单位/千克体重）肌内注射，每天2次，连用3～5天；四环素、金霉素或土霉素口服，每次125毫克，每天2次，连用5天。群体发病时，

可将磺胺二甲嘧啶或磺胺喹噁啉添加到饲料中（225 克 / 吨）进行群体治疗。局部巴氏杆菌病可做局部处理。如出现脓肿可排脓，剪毛后用消毒液清洗，然后敷上消炎粉。对患有较严重鼻炎的家兔，先清洁鼻腔，再用抗生素滴鼻。

支气管败血波氏杆菌病

支气管败血波氏杆菌病是家兔常见的一种呼吸道传染病，由支气管败血波氏杆菌引起，传播广泛，常以鼻炎和肺炎为特征，仔兔、青年兔发病率较高，成年兔发病较少。

本病的病原为支气管败血波氏杆菌，属波氏杆菌属，为细小球杆状菌。

【流行特点】 支气管败血波氏杆菌广泛分布于哺乳动物，家兔感染十分普遍，在气候骤变的春秋季节易诱发本病。当家兔受到各种不良因素的刺激时，机体抵抗力下降，支气管败血波氏杆菌便趁机在上呼吸道黏膜增殖，引发本病。本病主要通过呼吸道传播，病兔打喷嚏和咳嗽时，使饲料、饮水、笼具及周围环境受到污染，传染健康兔。

【临床症状】 根据程度不同可分为鼻炎型、支气管肺炎型和败血型。其中鼻炎型较为常见，常与多杀性巴氏杆菌并发，多数病例从鼻腔内流出浆液性或黏液性分泌物，症状时轻时重。当诱发因素消除后，常可不表现症状，但可长期带菌。鼻炎长期不愈，细菌下行侵入支气管或肺部，引发支气管肺炎，病兔后期表现为呼吸困难，食欲不振，逐渐消瘦而死。如果细菌侵入血液引起败血症，病兔很快死亡。

【防 治】

①预防 加强饲养管理，定期消毒，保持兔舍通风良好。可通过检疫净化兔群，定期淘汰抗体阳性兔。在本病多发地区，可用兔波氏杆菌病灭活疫苗进行免疫注射。

②治疗 对本病可选用链霉素、卡那霉素、庆大霉素、恩诺沙

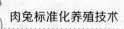

星等进行治疗，肌内注射，每天2次，连用3～5天。有条件的可对分离菌株进行药敏试验，以便有针对性地用药。

产气荚膜梭菌病

产气荚膜梭菌病，又称魏氏梭菌病，是由A型产气荚膜梭菌及其所产生的外毒素引起的一种家兔胃肠道传染病，以急性水样腹泻和迅速死亡为主要特征，发病率和死亡率都很高。

本病的病原是A型产气荚膜梭菌，旧名魏氏梭菌或产气荚膜杆菌，属梭菌属。

【流行特点】 本病一年四季均可发生，以冬春季节最为常见，多呈散发或地方流行。饲养管理不当、气候骤变等因素均可诱发本病。除哺乳仔兔外，不同年龄、性别、品种兔对本菌均易感。一般1～3月龄幼兔发病率较高，体质较好的家兔也有发病。本病的传播途径是消化道，病兔排出的粪便极易污染饲料、饮水、笼具和环境，是主要的传染源。

【临床症状】 患病兔表现急剧水样腹泻，粪水具有特殊的腥臭味，精神沉郁，食欲废退，水样粪便污染后躯，抓起患兔摇晃躯体有泼水音。由于水样腹泻，严重脱水，四肢无力。多数在出现水泻的当天或次日死亡，少数可拖至1周或更久，但最终死亡。

【防　治】 平时应加强饲养管理，合理配制饲料，粗饲料和精饲料合理搭配，并减少应激因素。在本病多发地区应用产气荚膜梭菌病（A型）疫苗进行预防注射，仔兔断奶后及时注射，每只皮下注射2毫升，每年2次。

由于本病是由A型产气荚膜梭菌及其外毒素引起的，在使用药物治疗的同时，皮下或静脉注射A型产气荚膜梭菌高免血清，可收到较好效果。

葡萄球菌病

葡萄球菌病是一种能够引起全身器官或组织化脓性炎症或败血

症的传染病，由于侵入途径和感染部位不同，可表现为不同的临床症状和病理变化。

本病的病原为金黄色葡萄球菌，属葡萄球菌属。

【流行特点】　本病一年四季均可发生，各品种和各年龄的家兔均易感。通过各种途径都可能发生感染，引发转移性脓毒血症、仔兔脓毒败血症、仔兔急性肠炎、乳房炎、脚皮炎等。

【临床症状】

①脓肿　在皮下、肌肉或内脏器官形成一个或几个脓肿，大小不一。皮下脓肿初期较硬，红、肿、热，后期变软有波动感，破溃后流出奶油状脓液。若内脏器官发生脓肿，器官的生理功能将受到不同程度的影响。

②转移性脓毒败血症或败血症　若脓肿破溃，脓液流出，在其他部位不断形成新的转移性脓肿，或葡萄球菌进入血液循环，在血液中大量繁殖产生毒素，引起脓毒败血症或败血症，病兔迅速死亡。剖检时在皮下、内脏器官及体腔内可见脓肿或化脓。

③仔兔脓毒败血症　多发生在出生后不久的仔兔，在各部位皮肤上出现粟粒大脓疱，脓汁呈奶油状，患病仔兔常迅速死亡。

④乳房炎　急性弥漫性乳房炎，期初局部红肿，随后整个乳房红肿、发热、较硬，逐渐呈紫红至蓝紫色，拒绝哺乳。局部乳房炎表现为局部的红、肿、热、硬，随后形成脓肿，破溃后流出乳白或淡黄色脓液。

⑤仔兔急性肠炎　又称仔兔黄尿病，是由于仔兔吃了患乳房炎母兔的乳汁而引起的急性肠炎。仔兔排出黄色尿液和黄色稀便，后躯及肛门周围被毛潮湿、腥臭，病兔体软无力、呈昏迷状态。病程2～3天，常常整窝发生，死亡率很高。剖检可见肠道出血。

⑥脚皮炎　多由于脚掌或趾部破损，感染了葡萄球菌所致。开始脚掌出现脱毛、充血、红肿，继而化脓，破溃后形成经久不愈的溃疡面。病兔不愿活动，食欲下降，逐渐消瘦。严重的会出现全身性感染，呈败血症死亡。

【防　治】

①预防　定期消毒，保持环境卫生。笼具及附属设施不要有锋利边角，饲养密度不易过高，以防划伤或咬伤而感染葡萄球菌。产仔箱的垫草保持干燥清洁。哺乳期母兔饲料合理配制，并随时观察，防止因泌乳过量或太少而造成的乳房炎。

②治疗　对皮下脓肿可采用外科手术疗法，脓肿软化后切开排脓，用消毒液清洗后，撒上消炎粉或青霉素粉局部治疗。仔兔患脓毒血症时可用5%甲紫涂擦脓肿，青霉素进行肌内注射，每天2次，连用3～5天。乳房炎患病初期可采取冷敷，以减轻炎症反应；后期应进行热敷，以促进血液循环。形成脓肿的，进行排脓、清洗、敷药处理；局部或全身注射抗菌药物。对仔兔急性肠炎，除对母兔进行治疗外，对仔兔可口服庆大霉素或肌内注射青霉素。对脚皮炎病兔的足底患部剪毛、消毒、清除坏死组织，涂上抗生素软膏、消炎粉或青霉素粉，以纱布包扎结实，3～4天换药1次，治愈为止。

兔沙门氏菌病

兔沙门氏菌病是由鼠伤寒沙门氏杆菌和肠炎沙门氏杆菌引起的一种消化道疾病。临床上以败血症、流产、腹泻和迅速死亡为特征。妊娠母兔和幼兔多发。

本病的病原为鼠伤寒沙门氏杆菌或肠炎沙门氏杆菌，属肠杆菌科沙门氏菌属。

【流行特点】　本病一年四季均可发生，一般春、秋季节多发，发病兔不分年龄、性别和品种，但妊娠母兔和幼兔的发病率和死亡率最高。鼠伤寒沙门氏杆菌和肠炎沙门氏杆菌是肠道寄生菌，宿主范围广，哺乳类、爬行类和鸟类等均能感染。病原菌随粪便排出体外，是主要的传染源，野生啮齿类动物及昆虫是传播媒介。本病的自然感染途径主要是消化道，仔兔可经子宫和脐带感染。许多环境条件，如卫生状况不良、过度拥挤、气候恶劣、母兔分娩、长途运输及其他感染，均可增加家兔对本病的易感性。

【临床症状】 幼兔发病主要表现顽固性下痢，粪便呈糊状带泡沫，体温升高，精神沉郁，食欲不振，逐渐消瘦、死亡，病程1周左右。流产多发于15～20天的妊娠母兔，流产前往往突然发病，食欲减退或拒食，发生流产后，由阴道流出脓性分泌物。有的母兔可于流产当日或次日死亡，康复者不易受胎。

【防　治】

①预防　加强饲养管理，定期消毒，做好灭蝇和灭鼠工作。一旦发现本病，立即对病兔隔离治疗或淘汰，兔舍、笼具严格消毒。

②治疗　恩诺沙星、诺氟沙星、庆大霉素、卡那霉素等进行肌内注射，或口服磺胺类药物，有一定疗效。但本菌耐药菌株在不断增加，有条件的先对分离菌株进行药敏试验，再选用敏感药物进行治疗。

（三）家兔主要寄生虫病

球 虫 病

兔球虫病是由艾美耳属球虫引起的、危害严重的寄生虫病，各品种的家兔都易感染，断奶到3月龄的幼兔最易感染。

本病的病原为艾美耳属球虫，属孢子虫纲。

【流行特点】 本病一年四季均可发生，常呈地方性流行，温暖潮湿季节多发。各品种、年龄的家兔都能感染球虫，断奶到3月龄的幼兔最易感染，成年兔感染后极少发病，但能排出卵囊，污染饲料、饮水和环境，是主要的传染源。本病的传播途径是消化道，本病自然感染是经口吞入侵袭性卵囊。

【临床症状】 球虫病的病程可从几天到几周或更长。病兔被毛粗乱，精神沉郁，食欲减退，伏卧不动，消瘦，排尿次数增加，尾部常有脏污。根据球虫寄生的部位，可分为肝型、肠型和混合型。肝型表现厌食、虚弱和腹泻或便秘，因肝肿大而造成腹围增大和下垂，肝区触诊有痛感，眼结膜可出现轻度黄疸。肠型患病幼兔出现不同程度的腹泻，从间歇性腹泻至混有黏液和血液的水泻，渴欲增强，由于脱水和继发细菌性感染而致死。混合型具有肠型和肝型的临床症状，临床上的病例多为混合型。幼兔可出现神经症状，表现为四肢痉挛或麻痹，头后仰，发出惨叫声，迅速死亡。病兔愈后长期生长发育不良。

【诊　断】　根据流行病学、临床症状和病理变化可做出初步诊断。通过卵囊检查可进行确诊。直接涂片法：取少许粪便直接置载玻片中央，加1滴水涂布均匀，去掉粪渣，盖上盖玻片，进行镜检，镜检时注意区别虫卵囊与粪渣。急性病例粪便中无卵囊排出，由结节内容物和胆囊黏膜取样、涂片、镜检，可见有大量的球虫卵囊。饱和盐水漂浮法：取新鲜兔粪5～10克放入100～200毫升的烧杯中，先加少量饱和盐水将兔粪捣烂混匀，再加饱和盐水约至20倍。将粪液用双层纱布过滤，弃粪渣，滤液静置40～45分钟，球虫卵囊即浮于液面，用接种环钩取液面液体进行镜检。

【防　治】

①预防　兔舍应建在通风向阳、地势高燥处。搞好清洁卫生，定期消毒，食具勤清洗、消毒，兔笼及垫板定期用火焰或热碱水消毒，保持兔舍及周边环境清洁卫生。兔粪及时清理，堆积发酵，以杀死卵囊。仔兔断奶后尽早与母兔分群饲养，并在饲料中添加抗球虫药物，以预防球虫病的发生。

药物防治：在断奶至3月龄幼兔饲料中添加抗球虫药物，采取连续用药方式，选择几种药物轮换使用，以防产生耐药性，在商品兔上市前严格执行相应药物的停药期规定。

地克珠利预混剂（每1000克中含地克珠利2克或5克）：混饲，每1000千克饲料添加1克（以有效成分计），停药期14天。

盐酸氯苯胍预混剂（每1000克中含盐酸氯苯胍100克）：混饲，每1000千克饲料添加1000～1500克，停药期7天。

磺胺氯吡嗪钠可溶性粉（商品名称三字球虫粉，每1000克中含磺胺氯吡嗪钠300克）：混饲，每1000千克饲料添加200克，连用15天。

氯羟吡啶预混剂（每 1 000 克中含氯羟吡啶 250 克）：混饲，每 1 000 千克饲料添加 800 克，停药期 5 天。

螨 病

螨病是家兔常见的一种体外寄生虫病，具有高度的传染性，发病后如不及时采取有效的防治措施，将迅速传染全群，造成严重危害。

本病的病原为螨虫，寄生于兔的主要是痒螨和疥螨。

【流行特点】　本病的流行无明显季节性，冬、春季节多发。本病主要通过健康兔与患病兔直接接触感染，也可通过污染的笼具等间接感染。

【临床症状】

①耳螨病　主要由痒螨引起，多见于耳郭及耳道感染。病初在耳内出现白灰色至黄褐色痂样渗出物，随着病情的发展，痂块干燥、增厚，严重时呈纸卷状塞满外耳道。耳根红肿，耳郭肿胀。由于病原引起的剧烈瘙痒使患病兔表现烦躁不安，经常摇头，用后肢抓挠头和耳部，食欲下降，精神沉郁，逐渐消瘦。

②体螨病　主要由疥螨科的疥螨和背肛螨引起的。最初出现于鼻、唇周围，随后扩展到眼周、额头及面部，有时也波及外生殖器。由于剧烈瘙痒，病兔经常摩擦、抓挠患部，以致皮肤受损，使病情加重。患病部位红肿、脱毛、浆液性渗出，皮肤逐渐变厚，形成白黄色结痂。

【诊　断】　本病根据临床症状及流行病学可做出初步诊断，通过镜检可进行确诊。

在患病部位与健康皮肤交界处，用外科手术刀等刮取病料（尽量在湿润部位刮取，以刮到有血迹为止）。易剥离的痂皮、皮屑和毛囊一般不含虫体。新鲜病料置于黑纸上，稍加热，用放大镜可见虫体移动。将陈旧病料可置于 5%～10% 氢氧化钾溶液 1～2 小时后，置于载玻片上，加盖玻片，镜检。

【防　治】

①预防　严禁从有病兔场引进种兔。定期对兔舍、兔笼及用具进行消毒。笼底板勤洗勤换，用2%敌百虫溶液浸泡、晾干，或洗净后用火焰喷灯消毒。定期检查兔群，一旦发现本病，要及时隔离治疗、加强消毒。

②治疗　在治疗时先剪去患部周围的被毛，刮除痂皮，用药物涂抹患处或进行药物注射。刮下的痂皮应进行焚烧或用消毒液浸泡以杀死其中的螨虫和虫卵。2%敌百虫溶液或2%敌百虫凡士林软膏涂抹患部，连续3～5天，隔7～10天重复用药1次。伊维菌素或阿维菌素注射液，按说明用量进行皮下注射，隔7～10天重复用药1次。

（四）家兔皮肤真菌病

家兔皮肤真菌病又称皮肤霉菌病、脱毛癣，是由丝状真菌侵入皮肤角质层及其附属物所引起的各种感染，是一类传染性极强的人畜共患接触性皮肤病。

家兔皮肤真菌病的主要病原有毛癣菌属、小孢子菌属和表皮癣菌属的真菌。

【流行特点】　本病无明显的季节性，四季均可发生，常呈地方性流行。本病对各种年龄、品种的兔都可感染，无性别差异，仔幼兔最为易感，成年兔常呈隐性感染，不表现临床症状。传播途径为直接接触，也可通过人员及被污染的用具间接接触传播。通风不良、阴暗潮湿的饲养环境往往容易发生本病。

【临床症状】　不同皮肤真菌感染临床症状有所不同。有的在鼻、面部和耳部形成圆形、突起的白灰色或黄色结痂，结痂脱落后呈溃疡外观。一般从头部开始，身体其他部位皮肤也可见。有的在皮肤上出现圆形、被覆珍珠灰和闪光鳞屑的秃毛斑。20日龄左右的仔兔和断奶幼兔症状明显，多可自愈，成年兔一般不表现症状。

【诊　断】　根据临床症状可以做出初步诊断。要确诊需进行实验室检查。

①直接镜检法　将所采集病兔患病部的兔毛、皮屑或痂皮置载玻片中央，加1滴10%～40%氢氧化钾封固液，盖上盖玻片，在酒精灯火焰上方微微加热，以不沸腾为度，放置数分钟，轻轻压片，用吸水纸从一侧吸取多余液体，即可镜检。镜检时先用低倍镜找到样品中的可疑菌丝、孢子或菌体，再用高倍镜观察。

②病原菌的分离鉴定　将病料先用70%酒精浸泡几分钟，再用无菌生理盐水冲洗，然后接种在沙堡氏琼脂培养基上于25℃～28℃培养1～2周，观察其生长速度和菌落形态，并进行镜检。

【防　治】

①预防　保持兔舍通风良好、干燥卫生，饲养密度适宜。发现病兔必须及时隔离或扑杀，兔舍及用具加强消毒。笼具及垫板可用火焰消毒，空兔舍可进行熏蒸消毒。据报道，对刚出生的仔兔进行药浴，可有效控制本病的发生。

②治疗　目前用于防治畜禽真菌感染的有效药物不多，而且价格较高。将患部被毛剪掉，将痂皮刮下，被毛和痂皮焚烧掉，然后涂抹达克宁、克霉唑等抗真菌药物。

由于本病是一种人畜共患病，所以饲养人员和畜牧兽医工作者应注意个人防护，以免染上本病。

（五）家兔普通病

便　秘

【病　因】　便秘是由于精、粗饲料搭配不当，饲料中精料过多，粗纤维含量过低；或饲料中混有泥沙和被毛等异物；或长期饲喂干饲料，但饮水不足等因素造成的。胃肠运动迟缓，粪便在，大肠内停留时间过长，水分被吸收，粪便阻塞肠道而发病。

【症　状】　病兔精神沉郁，食欲减退或消失。初期排出少量坚硬的小粪球，以后停止排便。病兔有时频频弯腰、努责但不见粪便排出，常拱背回顾腹部和肛门。触诊感到肠管粗硬，结肠与直肠有串珠状粪粒。时间稍长，则出现肠管臌气，腹部有痛感。一般体温不高，如不及时治疗，可引起死亡。

【防　治】　饲料合理配制，饲喂定时定量，供给充足清洁饮水，保证充足的运动。对病兔停喂饲料，提供饮水，可内服盐类泻剂（硫酸钠、人工盐，成年兔 5～6 克，加 20 毫升水温水灌服，幼兔减半）、油类泻剂（植物油，成年兔 15～20 毫升，加等量温水灌服，幼兔减半）。也可以用温肥皂水灌肠。为了防腐制酵，可内服 10% 鱼石脂溶液 5～8 毫升，或食醋 3～5 毫升。

毛 球 病

【病　因】　家兔的毛球病是一种比较常见的家兔代谢病，是指由于某种原因食入过多的兔毛，与胃肠道内容物缠结在一起形成毛球或团状物，滞留胃肠道内，堵塞胃幽门或肠管而引发的疾病。诱发毛球病的主要原因有：饲料营养不平衡，缺乏含硫氨基酸或微量元素，或粗纤维含量太低，诱发食毛症；体外寄生虫如痒螨、疥螨等致使皮肤瘙痒，家兔在啃咬的同时食入大量兔毛；饲养管理不善，不及时清理料槽和兔笼内的兔毛，使家兔食入。

【症　状】　病兔开始消化不良，表现食欲不振，日渐消瘦，好伏卧，喜喝水，大便秘结，有时排出带毛粪便，有时呈绳索状。触诊胃部或小肠内有毛球，胃膨胀变大。如不及时治疗，可因自体中毒或胃肠破裂而引起死亡。

【防　治】　秋季是家兔的换毛季节，散落的兔毛增加了食入的机会，更应该注意预防毛球病的发生。通过以下措施可预防本病的发生：合理配制日粮，使其含有适量的粗纤维，并适当补充含硫氨基酸（蛋氨酸、胱氨酸）和微量元素等；做好家兔体外寄生虫的防治工作；加强饲养管理，搞好环境卫生，用火焰喷灯喷烧兔笼及底板上的兔毛；改善笼养条件，防止互相啃食兔毛。家兔发病后，可停喂颗粒料，改喂青绿多汁饲料；同时灌服花生油、豆油等 10～15 毫升，配合腹部按摩，以促进毛球排出。也可用温肥皂水做深部灌肠。毛球排出后，饲喂容易消化的饲料，并口服大黄苏打片或酵母片等助消化药。若上述方法无效，可手术取出阻塞物。

子宫脱出

【病　因】　母兔妊娠期运动不足、妊娠期延长、胎儿过大、子宫收缩不良等均可引起子宫脱出。

【症　状】　本病多发生在产后几小时内，子宫外翻、水肿、瘀血、出血，子宫脱出阴门外，阴道不断流血，严重时发生感染、坏死，甚至死亡。

【防　治】　加强饲养管理，提供充足营养，增强母兔自身体质。治疗时先用生理盐水洗净子宫上黏附的污物，以3%温热明矾水浸洗子宫，使其收缩，提起病兔两后肢，用手指轻轻将脱出的子宫缓缓推入腹腔。如子宫严重淤血肿胀，可先用浓盐水清洗，使其脱水再行整复纳入腹腔。整复后，注入抗生素，并提起病兔两后肢，轻拍臀部以助其复位。复位后可口服或注射抗生素或磺胺类药，以防细菌感染。

母兔产后瘫痪

【病　因】　产后瘫痪病的发生原因有疾病因素（家兔患有肾病、子宫炎或梅毒等）、营养因素（钙、维生素缺乏或因频密繁殖消耗过多）等。

【症　状】　母兔产仔后发生瘫痪，轻者呈现跛行，重者四肢或后躯突然麻痹，有时子宫脱出，流血过多以致死亡。

【防　治】　对妊娠母兔要加强饲养管理，适当的运动，供给充足营养，包括钙、磷等矿物质饲料和维生素。加强护理，每天静脉注射10%葡萄糖注射液20～40毫升，连用2～3天；口服钙片和维生素A、维生素D_3。

中　暑

【病　因】　天气闷热，兔舍通风不良，湿度过高，家兔长期处于高温环境条件下可引起中暑。夏季在运输途中由于兔笼狭小、过度拥挤，也容易造成中暑。

【症　状】　病初家兔精神不振，食欲废绝，步态不稳，体温升高，呼吸急促，可视黏膜发绀，口流涎水，有时高度兴奋而头撞笼壁。有的突然昏倒，四肢抽搐，很快死亡。

【防　治】　兔子由于汗腺不发达，体表散热很慢，所以在夏季应做好兔舍的防暑降温工作，并降低饲养密度，提供充足饮水；长途运输工具应具备遮阴和通风条件，并避开高温时段。发现病兔应及时将其置于阴凉处，急救可进行耳静脉放血。也可灌服人丹4～5粒或风油精2～3滴。昏倒时可用大蒜汁、韭菜汁或生姜汁滴鼻，一次3～5滴。

（六）家兔常见中毒病

食盐中毒

【原　因】　饲料中加盐过多或搅拌不均匀，家兔采食后又没有充足的饮水，或饮用含盐量过高的水，易发生食盐中毒。

【症　状】　患病初期精神沉郁、食欲减退，结膜潮红，腹泻，口渴。继而出现兴奋不安，头部震颤，步样蹒跚。严重的呈癫痫样痉挛，角弓反张，呼吸困难，最后死亡。

【防　治】　提供充足、符合饮用水标准的饮水，食盐添加量在全价饲料中为0.5%，在精料补充料中为0.7%～1.0%，饲料加工时应搅拌均匀。

有机磷化合物中毒

【原　因】　有机磷化合物种类很多，是目前应用最广的一类杀虫剂，常用的有敌百虫、敌敌畏乳油、乐果等。当家兔误食或接触喷洒过有机磷农药不久的青饲料、蔬菜、谷类和其他农作物或被农药污染的饲料、食具都可引起中毒。敌百虫外用治病时，如药液浓度过高，也会引起体表吸收中毒。

【症　状】　这一类农药中毒症状，轻者恶心、呕吐、周身乏力；全身抽搐、呼吸困难、心跳加快，先兴奋，后沉郁至昏迷，最后因呼吸中枢抑制，窒息而死。

【防　治】　中毒后除采用对症疗法外，可用特效药解磷定、氯解磷定、双复磷等配合阿托品急救。解磷定每千克体重20～40毫克，缓慢静脉注射，因其在体内只能维持1.5小时，故须重复给药。早期应用有疗效，使用时忌与碱性药物配伍。阿托品每千克体重1毫克，皮下注射，也可根据症状连续多次使用或酌情增加剂量。

灭鼠药中毒

【原　因】　常用的灭鼠药有安妥（甲萘硫脲）、毒鼠磷、磷化锌、敌鼠钠盐等。家兔误食上述药物即会引起中毒。

【症　状】　安妥中毒时，兔无食欲，呼吸困难，体温下降，共济失调，昏迷。剖检时可见心包积水，肺呈暗红色，水肿显著，有大小不等的出血斑。磷化锌中毒时，患兔精神不振，有渴感，恶心、呕吐、腹泻、共济失调，死前惊厥。剖检时可在胃内容物中闻到磷化锌的特殊蒜臭味，肝脏可见严重病变。

【防　治】　安妥中毒治疗时，可先给予催吐剂，排出毒物后内服0.1%～0.5%高锰酸钾溶液，每4小时服10～20毫升，并以强心、利尿剂对症治疗。磷化锌中毒，用0.1%高锰酸钾溶液或0.1%～0.5%硫酸铜溶液灌服或采用有机磷化合物中毒的治疗方法。

有毒植物中毒

【原　因】　能致家兔中毒的有毒植物很多，如曼陀罗、防风、独活、甜菜、蓖麻、乌头、毒芹等。家兔误食了这些有毒植物，就

的疫情报告，并立即向当地兽医主管部门、动物卫生监督机构或者动物疫病预防控制机构报告。

（二）控制和扑灭

确认发生二类动物疫病（兔病毒性出血症、兔黏液瘤病、野兔热）时，对兔群实行严格的隔离、扑杀及销毁措施；立即采取治疗、紧急免疫；对兔群实施清群和净化措施；全场进行彻底的清洗消毒，并对病死或淘汰兔的尸体进行无害化处理。

第七章

肉兔场的经营管理

一、兔群管理

科学、高效、合理的兔群管理是关系到养兔成败的重要因素。在现代肉兔标准化生产中，要想在生产、经营等方面运营良好，健全的规章制度必不可少。科学的规章制度，是全体员工的行为准则，是对每个岗位责任者工作数量和质量的统一要求，也是企业信誉和生命线的保障。

（一）生产管理

1. 制定生产计划 对一个生产经营者来说，要根据兔场的经营方向、生产规模、饲养方式、市场形势等，拟订合理可行的生产计划。

（1）兔群规模的确定 规模出效益，发展肉兔生产也不例外。但肉兔生产规模应适度，切不可一味贪大求洋，应结合自己的资金状况、饲料来源情况及市场等，综合考虑。

（2）兔群生产计划 对种兔群，应在每年的年初制定详细周密的生产计划，并严格实施。生产计划离不开繁殖计划，其制定应结合本场的具体情况。繁殖计划可以采用 49 天或 42 天的繁殖模式或其他模式。

例如，根据 49 天繁殖模式，可以固定每天的工作内容，见表7-1。

表 7-1　49 天繁殖模式工作内容

周　次	周　一	周　二	周　三	周　四	周　五	周　六	周　日
第一周	配种 -1						
第二周	配种 -2				催情 -3	摸胎 -1	
第三周	配种 -3				催情 -4	摸胎 -2	
第四周	配种 -4				催情 -5	摸胎 -3	
第五周	配种 -5	安产仔箱 -1	产仔 -1	产仔 -1	产仔 -1 催情 -6	摸胎 -4	
第六周	配种 -6	安产仔箱 -2	产仔 -2	产仔 -2	产仔 -2 催情 -7	摸胎 -5	休息
第七周	配种 -7	安产仔箱 -3	产仔 -3	产仔 -3	产仔 -3 催情 -1	摸胎 -6	
第八周	配种 -1	安产仔箱 -4　断奶 -1	产仔 -4　撤产仔箱 -1　撤产仔箱 -3	产仔 -4	产仔 -4 催情 -2	摸胎 -7	

（3）**生产性能指标**　在饲养管理条件良好的规模化商品兔场，肉兔年繁殖 6～8 胎，每窝育成 6～7 只商品兔，11～13 周龄体重达到 2.5 千克以上，断奶后至出栏料重比为 3.0～3.2∶1，只母兔年提供商品兔 35 只以上。制订生产指标时，可参考国内外生产水平，结合本场具体情况，并根据上一年度的生产水平，考虑本年度有希望达到的数量，这样才能使所订计划指标既具有先进性，又经过努力能够实现的可能性。

（4）**利润计划**　养兔场的利润计划即纯收入指标，是全场经济活动的总目标。利润计划受市场形势、生产规模、饲料技术条件、经营管理水平及各种费用开支等因素所制约。各兔场可根据自己的实际情况来制订，并尽可能将利润计划分解下达到各有关兔舍、班组或个人，与他们的经济利益挂起钩来，以确保利润计划的顺利实现。

（5）**兔群周转计划**　规模化兔场一般都采用自繁自养，要求在配种、产仔、断奶等环节环环相扣，平稳运行。如果在某个环节上周转失灵，就会打乱全场的生产计划。为了使商品生产有条不紊地进行，充分发挥现有兔舍、设备、人力的作用，做到全年均衡生产、高产稳产，就必须根据各场实际情况，制订周密、翔实的兔群周转计划，并保证实施。一般来说，种兔的繁殖年限为 1～3 年，而最佳利用年限为 1.5～2.0 年，若施行同期发情、同期配种、早期断奶技术，其利用年限还要缩短，为 1.0～1.5 年。这就要求每年要淘汰一定比例的老龄兔，选留相应比例的后备兔。规模化兔场若不进行人工授精，采用自然交配，种公、母兔比例以 1∶6～8 为宜。保险起见，选留后备种兔时，公兔比例要适当高一些。

（6）**饲料生产计划**　饲料是养兔生产的物质基础，更是规模化养兔中生产成本的最大组成部分，可占到 70% 左右，占用流动资金较大，因此必须根据兔场的经营规模妥善安排。若全部采用全价颗粒饲料，兔场消耗的饲料数量可按以下标准估算：繁殖公、母兔每天需料 150～200 克；非配种期公兔和空怀母兔每天需料 120～150克；生长兔（4～12 周龄）每天需料 100～120 克；哺乳母兔每天需料 200～300 克。根据市场及资金情况，参照饲料配方合理安排各种饲料原料的购入库存。

（7）**建立报表制度**　建立兔群生产日报、月报制度，包括种兔生产、商品兔生产、饲料生产等情况的报表，以便管理者及时掌握全场生产情况，并利于指导督促生产。

2. 制定饲养管理操作规程　作为规模化兔场，应该对家兔的饲养管理制定严格的操作规程，有条件的可以进行"傻瓜式"管理，便于操作。在饲养管理操作规程中，应当对每天的饲养管理操作进行细化规定，便于对工人进行考核。

①每天工作前换工作服、戴帽子、口罩、手套，穿胶靴，方可进入饲养区。工作服、帽、口罩每周洗涤并消毒 2 次。

②每次进入兔舍，首先观察兔群有无患病或死亡现象，如有异

常及时上报技术员。

③禁止给兔饲喂发霉变质、不洁的饲料，喂料应准确，减少浪费。

④每天检查水箱、水管、饮水器、料槽和水笼头，如有漏水或损坏现象应及时维修，及时清除饮水器头上的兔毛。

⑤每天上午 8 时、下午 5 时检查更换 2 次垫草，防止发生夏季仔兔蒸窝和冬季仔兔低温致死现象。

⑥夏季每天开窗，冬季每天中午开窗，并定时打开换气扇，保持兔舍空气清新。

⑦每天上午清扫兔舍，保持地面、笼位、料槽、墙壁、窗户和窗台等的清洁卫生。

⑧每天检查母兔产仔和妊娠情况，并做好记录。

⑨每天上午和下午检查母兔发情情况，适时配种，配种采用复配法。

⑩兔舍内的干湿球温度计每天加水 1 次，并观察记录每天早、中、晚的温湿度变化。

⑪兔舍内的线路、日光灯如有损坏，应及时维修。

⑫每天清扫分管饲养区内环境卫生。

⑬每天工作结束应将工具摆放整齐，卫生打扫干净，检查门窗，关闭空调等各种电器。

（二）采取合理措施，保证计划实施

1. 注重高新技术，提高科学养兔水平 一项新技术可能会给肉兔养殖取得较显著的经济效果。如人工授精技术、同期生产技术、饲料优化技术、营养调控技术、杂种优势的应用、环境控制技术和疫病防治技术等。养兔生产已率先采用"全进全出"流水作业生产方式，同期发情、同期配种、同期产仔、仔兔同期断奶。

2. 适时更新种兔群 对种兔来说，1.0～2.5 岁时繁殖力最高，超过 2.5 岁逐渐下降。传统的饲养方式下种兔可使用 3～4 年，集约化的规模饲养，种兔表现最佳繁殖性能的时间要缩短 1.0～1.5年。为防止种兔退化，除注意对种兔的选育外，还要及时更新，引进优良种兔血缘，以保持兔群的高产性能。肉兔在 3 月龄以内，生长速度随年龄增加而直线上升，饲料利用率也较高，之后生长速度变慢，饲料利用率下降，因此肉兔饲养期不宜太长。由于夏季一般停止配种，肉用兔的种群调整多在夏季秋繁前进行。

3. 加强经济核算，调动工作人员积极性 兔场的生产经营活动中，对人、财、物的使用情况要进行经常性的检查和核算，建立严格的规章制度和劳动纪律，明确生产责任制，制订可行的技术标准和合理的生产定额，搞好兔场的生产统计，以文字和图表形式记录各兔舍或班组生产活动情况，定期核算与考核，正确评价职工的劳动生产率，有奖有罚。同时，要尽可能地减少兔场非生产人员和不必要开支，以降低生产成本，提高经济效益。

4. 开拓市场，搞好产业化开发 兔场的经济效益最终要落实在市场上，产品只有变为商品才能形成效益，规模化兔场更要注重市场的开发，否则极可能陷入生产越多损失越大的市场怪圈。要充分利用各种信息，加大宣传力度，提高企业知名度；同时，要根据自身实际情况，搞好产品的深度加工，如熟肉制品等，形成产业化发展模式，增强企业的市场承受力。

二、生产成本管理

（一）影响肉兔生产成本的主要因素

养兔生产的主要成本有：饲料成本、职工工资、水电费、种兔兔舍笼具的折旧维修费、办公费等。

饲料在养兔中所占成本最大，占总成本的 70% 左右，也是最有潜力可挖的部分。

在种兔方面，种母兔的生产性能、种母兔的初配年龄、种兔利用年限，公兔的饲养量、公兔的初配日龄、配种能力和利用年限，淘汰种兔体重等也是影响养兔生产成本的重要因素。

在商品兔方面，其主要影响因素是商品肉兔早期生长速度及饲料报酬。

管理好成本，其直接结果是降低成本，增加利润，进而提高养兔企业的经济效益，增强养兔企业的核心竞争力。

（二）降低养兔生产成本，提高经济效益方法

1. 降低饲料成本　降低饲料费用对实现养兔的低成本、高效益来说意义重大。做到这一点，首先要筛选适合当地、本场的合理的饲料配方，要求营养全面而成本最低；其次要广辟饲料资源，充分利用各种优质的作物秸秆。另外，在饲喂过程中要尽可能地减少饲料的抛撒浪费现象，防止饲料霉变及鼠、雀偷吃等造成的浪费。

2. 建立良种兔核心群　核心群是本场持续发展的基础，对其选留、淘汰、饲养管理是全场重心工作。

3. 人员培训　应对技术人员进行定期或不定期的培训，包括专业技术培训和岗位责任等综合素质培训。养殖效益的高低，人员的因素占主导地位。培养技术人员爱岗敬业，不断提高他们的养兔科技水平。

4. 降耗节能　重视并开展科技创新、节能减排等利于促进降耗节能的活动，杜绝饲料、药品等材料浪费，倡导技术革新，强化员工节约意识。

第八章
肉兔产品加工简介

本章简单介绍肉兔产品加工，目的在于了解最终产品质量，控制饲养环节标准；同时，为有条件、有想法延伸产业链条的经营者提供参考。

一、加工环境

产品质量是企业生存和发展的前提，加工的环境、设施、设备、储存等满足国内卫生法规和出口食品企业卫生规范是防止加工过程中发生危害的重要基础，也是保障食品安全的基本卫生条件。

（一）加工厂环境要求

1. 选址　企业应选择在地势较高、水源充足、交通便利的地区。工厂四周无污染源，不受洪水威胁，与外界有围墙隔开。厂内不得兼营、生产、存放有碍食品卫生的其他产品。

2. 厂区设施　加工厂内主要通道要铺设适用于通行的坚硬路面，空地进行绿化，地面平整、易清洗、无积水，以防尘土飞扬而污染食品。不能有啮齿动物，昆虫和其他害虫的繁衍栖息场所，并定期除虫灭鼠。

厂区周围及厂内不能堆放陈旧设备、垃圾、废料等，避免对环境造成污染。

厂区卫生间应有冲水、洗手、防蝇防虫防鼠设施。墙壁以浅色、平滑、不透水、耐腐蚀的材料修建，易于清洗并保持清洁。

厂区分成品出厂、原料进厂两个厂门，原料进厂设有与门同宽，长3米、深10～15厘米的车辆消毒池及运输车辆消毒设施。

厂区设有肉兔待宰圈（区）、可疑病兔观察圈、病兔隔离圈、急宰间和无害化处理设施；配备密闭不渗水、易清洗消毒的病兔专用运输工具；可疑病兔观察圈、病兔隔离圈的位置不会对健康动物造成传染风险。

生产时产生的废水由封闭的下水道排往污水处理厂处理，且符合国家排放标准。

厂区内禁止饲养与屠宰加工无关的动物。

（二）厂房和车间环境要求

1. 车间的设计和布局　加工车间内部设计和布局合理，与生产能力相适应。车间按照加工工艺流程需要及卫生要求进行有效而合理的配置，分原料待宰间、屠宰车间、分割车间、速冻库、包装车间、冷藏库、包装物料贮存库，并按不同清洁卫生要求的区域分开设置，防止交叉污染。

2. 内部构造　车间地面用耐腐蚀的无毒的材料修建，地面平坦无积水，并保持清洁。地面有1%～2%的坡度，便于排水。车间内墙壁、屋顶及天花板用无毒、浅色、防腐防霉、易清洗、不透水的材料修建，墙角、地角、顶角具有适当的弧度，便于清洗。

车间进出口有塑料胶帘，下水道为水封式，且有挡鼠板。车间窗户、排风口、进气口全部装有防虫网。且定期检查，防止鼠、虫侵入。

固定装置、管道和电线等无乱悬挂在工作区上方现象，防止滴水或冷凝水滴落到产品中。

墙壁平滑无裂缝，易于清洗；墙角、底角、顶角具有适当的弧度，窗台与水平面呈一定角度，内窗台应下斜约45°角。

车间门窗用浅色、平滑、不透水、耐腐蚀的材料制成，密封性好，易于清洗消毒；在包装区和任何生产区内窗户玻璃均安装防爆设施。

与食品有直接接触的表面，全部用不锈钢或无毒塑料，经久耐用，易于清洁、养护和消毒，对食品无污染。

3. 员工卫生设施和卫生间设施要求

（1）**更衣室设施** 更衣室与车间相连，加工车间设有与生产相适应的更衣室，并且有相连的淋浴室，室内照明良好，排气良好。室内安装对空气、工作服进行灭菌消毒的设施。

更衣设施规模与工作人员数量相适应。与相应加工间相连，便于工作人员出入，防止相互交叉污染。

更衣室应设更衣柜，更衣柜顶呈45°角斜面，衣、鞋分开存放，衣物柜有挂衣装置，挂衣架使挂上去的衣服与地面、墙壁保持一定的距离。

沐浴间墙裙瓷砖贴至合适高度，淋浴设施与加工人员相适应，地面排水良好，安装排气扇，保持通风干燥。

根据加工工艺要求，不同清洁度要求的区域应设有单独的更衣室。不同岗位的人员应穿戴不同颜色或标志的工作服，以便区分。不同加工区域人员不得串岗。

（2）**洗手消毒设施** 车间各入口处和靠近工作台的适当位置应设置与员工相适应的非手动式开关洗手设施，洗手设施的排水应直接接入下水道。在车间入口设置有鞋靴消毒池，其大小以人员不能跨过为宜，深度以放入消毒液后能浸没靴面为宜。

洗手池采用不锈钢材料制成，其结构以不沉淀脏物和易于清洗为宜。备有清洗手用的无异味皂液和消毒设施。

车间设有专门洗衣房，有专人进行管理，并设有专用洗衣设施和烘干设施。

（3）**卫生间设施** 卫生间与更衣室相连接。门不能正面开向加工区，要保持清洁无异味，并装有排气扇。

车间卫生间马桶数量按职工比例设置，照明设施齐全。车间卫生间配有洗手消毒设施、干手设施，并且洗手设施为非手动式开关。

4. 空气质量和通风环境要求　车间内设有中央空调进行空气、温度调节，保证室内空气新鲜、清洁及合适的温度。

有温度要求的环节应安装温度显示装置，车间温度应按照产品工艺要求控制在规定的范围内。预冷间温度控制在0℃～4℃，车间内温度保持在12℃以下，冻结间不高于–28℃，冷藏库不高于–18℃。

热加工区上方专设排气扇，以保证蒸汽及时外排，防止冷凝水的产生。

排气口设有自闭装置及防虫网，进气口设有空气处理装置，并易于拆下清洗或更换。防止未经处理的空气进入车间及飞虫的入侵。

室内空气调节进排气时，空气流向从清洁区向非清洁区，以防止空气对产品及包装材料造成污染。

5. 供排水要求　供水能力应与生产能力相适应，能满足生产和生活用水需要。加工用水符合国家饮用水标准。如果使用自备水源作为加工用水，应进行有效处理，并实施卫生监控。企业要备有供水网络图。

企业应定期进行加工用水的微生物检测，必要时检测余氯含量，以确保加工用水的卫生质量。每年对水的公共卫生检测不少于2次。

加工用水的管道，不得与非饮用水管道相连，并有明显标识。

工厂要有热水供应，车间内设有能提供充足的工器具清洗消毒的场所。

车间内地面有一定的坡度（1%～2%），并设有明暗沟，以利于排水。明沟和暗沟侧面和底面应平滑且有一定的坡度，暗沟用盖子必须坚固耐用、不易生锈。

排水地漏数量适中，并且设有防倒虹吸装置；排水沟、管口的口径应有足够的尺寸，以利于污水流畅排出，并且排水沟管不能渗漏。

车间排水沟出口与污水处理设施相连，并设防止有害动物侵入的装置。

6. 照明要求　车间在食品加工区上方安装足够数量的防爆日光灯，速冻库、冷藏库采用防爆白炽灯。

车间操作台上方照明度不低于 220 勒，检验台和包装室操作台上方不低于 540 勒，其他区域不低于 110 勒。车间全部采用带有防护罩的日光灯管，避免对食品产生异物危害。

（三）仓储设施环境要求

1. 仓储总要求　仓库保持清洁整齐，储存物品离地放置且有垫板，堆垛与地面的距离不少于 10 厘米，与墙面、顶面之间留有 30～50 厘米的距离。

仓库必须清洁卫生，不得存有有毒、有害物质，做到无霉、无虫害、无鼠害，包装整齐，标识清晰。仓库设有防虫防鼠设施，避免害虫的侵入和隐匿。对于有毒化学物品单独设库存放，专人管理，并加锁严格保管。

2. 速冻库、冷藏库　速冻库、冷藏库中货物定期全面清理，定期除霜，发现异常情况及早处理。原料、半成品及成品分库存放，易造成串味的物品专库存放。冻结间不高于 $-28℃$，冷藏库不高于 $-18℃$，冷藏库温度监控由专人进行记录。

3. 包装物料储存设施　包装物料间保持干燥，通风良好，内外包装物料分开存放，内包装离地存放或放置在专用货架上，并加盖防尘设施。成品包装间封闭良好，无灰尘、无虫害。

（四）加工设备要求

加工用的设备、工器具和容器用无毒、耐腐蚀、不生锈、易清洗消毒、坚固的材料制成，设置在无污染的地方；其表面平滑、无凹坑和缝隙，禁止使用竹木器具。

所有食品加工设备的设计和构造、使用要安全，便于日常清洗消毒、操作、检查和维护，并与加工能力相适应。

容器有明显标识，废弃物容器和可食产品容器不得混用。废弃物容器防水、防腐蚀、防渗漏。

加工间设备排列整齐有序，符合工艺要求，能使加工生产顺利进行，并能避免交叉污染。

所有工器具在专门的消毒间进行清洗消毒。清洗消毒间备有冷热水及清洗消毒设施和适当的排气通风装置，有专人进行管理，按卫生管理要求进行使用。关键设备由专人操作，使用人员必须熟知操作规程。

设备按计划进行购入、制造、维护和保养，并制订详细的设备日常维修保养计划。

设备使用过程在维护保养时要防止润滑油、金属碎屑等对食品的污染。

车间内不与食品接触的设备用具，其构造也应易清洗，保持清洁。

（五）废弃物处理设施及污水处理设施要求

1. 废弃物处理设施 车间加工过程中产生的废弃物由专门防漏废物盘或桶盛放。盛放废弃物、下脚料或化学药品的容器都具有醒目标识，易于辨认，防止误用。生产过程中产生的废弃物由专人处理运送，处理完后将器具、运输工具消毒。

2. 污水处理设施 污水处理站的日处理量与生产排放废水相匹配。生产车间在加工生产过程中产生的废水全部汇集到废水排水沟，废水排水沟末端与污水处理站相连接。污水处理站根据国家环保部门要求建设，符合国家环保部门的规定要求。

二、加工工艺

制定科学、合理的工艺流程，防止生物性、物理性和化学性的污染是至关重要的。食品生产加工工艺流程的设计和加工过程控制不当，会对食品质量安全造成重大影响，因此制定科学合理的工艺流程具有重要意义。

（一）工艺流程

加工工艺流程应由加工车间会同质检、设备、供应等部门和具有丰富经验的人员或专家共同制定。制定工艺流程时要科学、合理，符合实际生产要求。同时，要运用HACCP原理和方法，对工艺进行危害分析，确定关键控制点，能对生产过程进行有效控制。质检部门要通过现场来验证流程图的准确性及是否符合实际。

肉兔加工工艺流程如下：

原料兔接收→送宰→麻电→放血→去头→喷淋→剪前肢→挑裆→截左后肢→去尾→割黏膜→拉皮→冲浮毛、脖血→剖腹→宰后检验→掏脏→去肾→去腺体→去腹腔脂肪→挤血→去血管→截右后肢→水淋→预冷→分割→内包装→速冻→金属探测→换装→冷藏

（二）工艺要点

1. 原料兔接收的基本要求

（1）宰前检验　原料兔须来自非疫区，有农牧部门出具的产地检疫证明、车辆运输消毒证。出口企业原料兔应来自备案养殖场，且附有农牧部门出具的产地检疫证明、车辆运输消毒证、动物健康监管证及养兔场的养殖用药记录卡、饲养日志、处方笺和养殖场场长的诚信申明。

由宰前兽医进行全群严格健康检查和证件复查，确认合格后放

入待宰圈。

病兔或疑似病兔应转入隔离观察圈，并按照相关规定进行处理。

（2）**待宰管理**　原料兔进厂后，应分圈存放，并注明养兔场名称、饲养场号、入圈日期、停水时间和检验状态。

兔只在宰前停食观察 12 小时，充分饮水，至宰前 3 小时。对宰前检验发现的因机械损伤残死兔应进行急宰，并按规定实施无害化处理。

2. 屠宰加工的基本要求　麻电电压 70～90 瓦，电流 0.75 兆安，使用时先蘸 10% 的盐水，通电时间 2～4 秒钟。使兔暂时失去知觉，减少和消除屠宰时的痛苦和挣扎，便于屠宰放血充分。

目前最常用的放血方法是颈部放血法，一般要求放血时间不少于 2 分钟。放血要充分，放血不充分的胴体，肉质发红，含水高，不容易储存。

宰后检验由宰后兽医按照相应的国内外标准、法规和程序要求逐只进行检验。对胴体污染、内脏严重病变的兔只摘离链条并用密闭容器隔离，进行无害化处理，同时做好相应的记录。

预冷温度 0℃～4℃，湿度为 75%～84%，时间不少于 45 分钟，预冷后胴体肉中心温度 7℃以下。降低深层温度，迅速排除胴体内部热量，使表面形成干燥膜阻止微生物的生长，减少水分蒸发，延长兔肉的保存时间。

3. 分割加工的基本要求　进行分割加工的兔肉，要按照出口国家客户的要求进行。目前我国出口主要以出口冻兔肉为主，主要有带骨兔肉和分割兔肉。

（1）**带骨兔肉**　常见的带骨兔肉按照重量分级为以下等级。

特级兔：1 501 克以上；

大级兔：1 001～1 500 克；

中级兔：601～1 000 克。

（2）**分割兔肉**　分割兔肉按照部位分为后腿肉、腰背肉、去骨兔肉和五分体。

①后腿肉

卷装后腿：每箱净重为 10 千克。1 千克为 1 卷，每卷 4～6 只，用塑料方纸卷紧，每卷粗细要均匀，长度要适宜。每箱 10 卷。

分级分层后腿：每箱净重为 10 千克。分为 175～225 克，226～275 克，276 克以上。摆放整齐，美观。

托盘后腿：每箱净重为 12 千克。将 1 千克兔后腿放入托盘盒中，一般为 4～6 只，整形要美观。每箱 12 块。

②腰背肉　每箱净重为 10 千克。500 克为 1 卷，用塑料方纸卷紧，每卷粗细要均匀，长度要适宜。每箱 20 卷。

③去骨兔肉　每箱净重为 20 千克。5 千克为 1 块，每块有 2 只整只兔，2 只半兔，平铺在不锈钢盘，中间放碎肉，每箱 4 块。

④五分体　每箱净重为 12 千克。将 1 千克兔后腿放入托盘盒中，一般为 2 只前腿，2 只后腿和 1 块带骨腰背，腰背要放到最上面，摆放要美观。每箱 12 块。

（3）分割基本要求　分割车间温度在 12℃以下，温度过高造成微生物的繁殖。从麻电到速冻入库不超过 2 小时。包装时肉温在 7℃以下。加工过程的工具、手要定时消毒。

4. 换装基本要求　换装车间温度在 10℃以下。产品过金属探测器，仪器灵敏度为铁≤φ1.2 毫米，不锈钢≤φ2.0 毫米。

5. 速冻、冷藏基本要求　速冻温度为 -28℃，空气相对湿度为 90%，时间为 24 小时。出库时产品肉中心温度为 -15℃方可出库换装。

冷藏库温度在 -18℃±1℃，空气相对湿度为 90%，昼夜温度一般不超过 1℃。温度忽高忽低，易造成肉质干枯和脂肪发黄而影响产品质量。

产品堆放，地面要有垫板，离地 10 厘米，离墙 50 厘米，离顶 50 厘米。

6. 关键控制工序　企业要运用 HACCP 原理，通过危害分析工作单对已识别的食品安全危害进行评价，确定出显著食品安全危害，通过适宜的控制措施组合来控制。一般企业将活兔验收、掏脏、预冷和金属探测作为关键控制工序来控制。

（1）CCP1 **活兔验收** 每批随附检疫证明、车辆消毒证明，全群临床检查合格。无证明或检查不合格的拒收。

（2）CCP2 **掏脏** 无掏破内脏，胴体无污染。每只受到宰后检疫监控。掏破内脏和胴体污染的应摘离生产线单独处理。

（3）CCP3 **预冷** 预冷间温度 0℃～4℃，空气相对湿度 75%～84%，肉中心温度 4℃以下。

（4）CCP4 **金属探测** 出口产品一般要求金属（异物）探测灵敏度。铁 Φ1.2 毫米，不锈钢 Φ2.0 毫米，非铁金属 Φ2.5 毫米。

（三）加工工艺说明（以出口企业为例简要介绍）

1. 活兔接收 原料兔须来自备案养殖场，且附有农牧部门出具的产地检疫证明、车辆运输消毒证、动物健康监管证及养殖场的养殖用药记录卡、饲养日志、处方笺和养殖场场长的诚信申明。

原料兔进厂后，应分圈存放，并注明养殖场名称、饲养场号、入圈日期、停水时间和检验状态。

兔只在宰前停食观察 12 小时，充分饮水，至宰前 3 小时。对宰前发现的因机械损伤残死兔进行急宰，并按规定实施无害化处理。

由宰前兽医检验员，签发准宰通知单。

2. 送宰 根据准宰通知单进行送宰。将已清洗消毒的车辆及笼具拉送到确定的兔舍门口。逮兔时，轻抓兔背部皮或兔耳，轻轻放入车辆内的笼具中。将兔只送到屠宰间，并将兔只和笼具一同卸下。在兔舍内及周围不得制造大的振动和声响，不能踢、扔、摔、打兔只，符合动物福利要求。

3. 屠 宰

麻电：要具备两台麻电器，麻电时轻抓兔耳根部，把兔头略向上抑起，用麻电蘸 10% 盐水，触及兔耳根部，使其昏迷。

挂兔：将兔右后肢跗关节处卡入挂钩，且要挂牢。

放血：手紧抓兔耳根部，把兔只的头略向上仰起，用刀沿兔颌骨第一颈椎处下刀，切断颈部血管，放血时间不少于2分钟。

去头：从第一颈椎处去头。

喷淋：对兔体进行喷淋时不能淋湿挂钩和吊挂的兔爪。

剪前肢：用剪刀从腕关节稍上方处截断前肢。

挑裆：手握住兔左后肢，用刀尖从左后肢跗关节处挑断腿皮，手剥至尾根处。用力不要过猛，以防撕破腿和毛皮。

截左后肢：从跗关节上方处截左后肢。

去尾：手握紧兔尾根部，用刀将尾根切断，去尾。

割黏膜：用刀沿腹部正中线将腹皮划开，并顺势将皮下拉。

拉皮：抓住兔皮，手不得接触兔肉，并避免皮毛内翻接触兔肉，将兔皮拉下。

冲浮毛、脖血：用水将兔体表面的浮毛冲洗干净，并洗净脖血。

剖腹：分开趾骨联合，从腹部正中线下刀开腹，下刀不要太深，不能开破脏器污染肉尸，开腹后随即将直肠拉下，为出腔作准备，用手将胸、腹腔脏器一齐掏出，但不得脱离肉尸。

宰后检验：由宰后兽医按照《出口兔肉检验检疫工作规范》（试行）逐只进行检验。对胴体污染、内脏严重病变的兔只摘离链条并用密闭容器隔离进行无害化处理，同时做好相应的记录。

掏脏：将检验后的脏器一齐掏出，随之用流动水冲洗肉尸的血污。

去肾：抓住兔肾，用剪刀剪下。

去腺体：修净趾骨附近（肛门周围）腺体和结缔组织、生殖器官。

去腹腔脂肪：将兔腹腔脂肪去净。

挤血：后腿内侧肌肉的大血管不得剪断，用手将骨盆腔内的血液挤出。

去血管：用镊子将胸腹内的大血管去净。

截右后肢：用剪刀从右后肢跗关节处剪断。

水淋：将兔胴体挂于链条上，进入水箱水淋。

预冷：进入预冷间进行预冷，温度0℃～4℃，预冷后肉中心温度 4℃以下。将预冷后的胴体兔摘离胸勾，进入分割间。

分割：分割兔下刀要准确，胸、腿、腰等分割部位完整。

去骨兔肉：去骨兔肉应去净骨骼。

包装：按客户要求进行包装，整形、美观，并应分品种、级别、规格，加相应标识。

分级、称重：按客户要求进行分级、称重，不得有混级、串级现象，重量要符合标准。

速冻：将包装后的产品立即放入 -35℃以下的速冻库，冻结时间为 24 小时，出库时肉的中心温度在 -18℃以下，有检验员记录温度波动情况。

金属探测：所有速冻后符合温度要求的产品必须经金属探测仪检测，确保无金属杂质。

换装：将检验合格的产品迅速换装、打包。换装要及时，不得有返霜现象，打包带要整齐、松紧要适合。

冷藏：将换装后的产品运入 -18℃±1℃冷藏库贮存。

三、兔肉产品品质

（一）影响兔肉产品品质的因素

影响兔肉品质有诸多的因素，包括肉兔品种、饲养管理、生长时间、运输过程、屠宰加工技术、宰前宰后检疫、胴体冷藏等。在这里只对在加工环节影响品质的因素进行阐述。

1. 原料肉兔宰前检疫的影响因素 宰前检疫是保证兔肉卫生质量的重要环节之一。若忽视宰前临床检查，就难于确定兔体的健康状况，漏检一些在宰后难以发现的人畜共患传染病，无法及时做到早发现早处理，从而直接影响出场的兔肉品质。

原料肉兔应来自非疫区，体重达到 2 千克以上，健康无病，附有产地动物防疫监督机构的检疫合格证明和相应的追溯源信息；出口企业的原料肉兔要求必须来自备案养兔场。企业一般将其作为关键控制点进行控制。

出口原料兔只来自自属养兔场，进厂时持有养兔场的用药记录卡、饲养日志和兽药使用记录且无违禁药物使用，限用药物符合停药期，杜绝药物残留的使用不符合国内外规定。

原料兔进厂后应停食观察 12 小时，充分饮水至宰前 3 小时。其目的是通过断食减少消化道中的内容物，防止加工过程中的内容物溢出造成污染。宰前充足饮水，可以保证临宰兔的正常生理功能活动，促使粪便排出。

由宰前兽医检验检疫合格，对存在患病肉兔和因机械损伤的残死兔应及时挑出，按照规定及时处理，避免造成对产品品质的影响。

2. 运输过程中的影响因素 待宰肉兔在运输途中，由于环境的改变和刺激，易发生应激反应，使正常生理功能受到抑制或破坏，抵抗力降低，血液循环加速，可能导致肌肉组织中的毛细血管充血，影响兔肉品质。

3. 屠宰加工过程中的影响因素 屠宰加工过程中的卫生要求是保证产品质量的重要条件和基础，企业屠宰加工应符合 GB 12694 卫生要求。工作前应对加工环节相应的区域设施、设备及工器具等进行检查，确保加工环节符合卫生要求。在屠宰加工过程中影响产品质量的因素主要包括电麻致昏的电压及时间不准确、放血操作不充分、屠宰加工过程操作不当，造成血、毛、粪便等对兔肉的污染。加工环境温度和卫生消毒等将直接影响兔肉产品品质，因此，在屠宰加工过程要严格控制麻电时间、放血状况和操作规程，确保屠宰加工过程品质质量符合质量卫生要求。

4. 宰后检验的影响因素 宰后检验是兽医卫生检验工作中的重要一环，是宰前检验的继续和补充。在实际工作中，若不按要求操作，导致漏检，使不合格产品进入下道工序，从而直接降低了产品品质。肉兔的宰后检验以感官为主，必要时辅助实验室检验。每只肉兔的肉体和内脏检验必须做到综合判定。检验时，为了避免人员手造成交叉污染，用镊子和剪刀来固定和翻转肉兔。

（1）**胴体检验**　观察放血状况、肌肉是否发育正常、体表和胸腹有无放血不良、外伤、溃疡、淤血、出血点及其他病变，同时检查有无异味、杂质和污染。

（2）**内脏检验**　取出内脏（与胴体相连），观察色泽是否正常，检查心、肝、脾、肾和肠胃有无出血、肿胀、结节、坏死和肿瘤等病理变化，必要时切开脏器检查。

（3）**体腔检验**　必要时使用扩张器逐只插入腹腔，并用手电照射，检查肺、肾和体腔内有无病变、杂质及污染等。

（4）**疫病处理**　宰前宰后检验对病兔的处理按《动物防疫法》规定执行。宰前宰后检验和处理均应详细记录备查。

5. 兔肉分割加工过程的影响因素　兔肉的分割应在符合GB 12694卫生要求的车间进行。分割时按兔肉胴体不同部位肉块的质量及后续加工要求，将兔肉胴体分割为前腿、后腿、脊背等。分割兔肉剔去全部硬骨、软骨、淤血、粗血管，清除全部淋巴结，否则会影响兔肉的质量。在生产中分割的好坏，也直接影响利润的获取。剔骨时尽量保持兔肉的完整性，下刀准确，避免碎肉及碎骨渣。剔骨肉应进行整理，清除淤血肉、粗血管、淋巴结和遗留碎骨等，以免影响产品品质。

6. 冷却、冻结、贮存温度和时间影响因素

（1）**冷却**　又称预冷，是指经过卫生检验合格的兔胴体应进入符合GB 12694要求的冷却间，预冷温度0℃～4℃，在45分钟内使肉中心温度降至7℃以下。刚屠宰的胴体温度一般在37℃左右，死后会产生尸僵热，使肉温升高，在一段时间内如不降低温度，将导致微生物生长、繁殖，自体酶解变质，就会使兔肉腐败变质。所以，预冷的目的就是为了迅速排除胴体内部的热量，使胴体表面形成一层干燥膜，阻止微生物的生长和繁殖，延长兔肉保存时间，减缓胴体内部的水分蒸发。

（2）**冻结**　目前我国冻兔肉加工厂都采用速冻法冻结产品，速

冻温度为 -28℃，空气相对湿度为 90%，时间为 24 小时，出库时产品肉中心温度为 -15℃方可出库换装。

（3）**冷藏** 是将已经冻结的兔肉，为保持肉温不上升，需在冷藏间贮存待运。合理的冷藏条件是冷藏温度在 -18℃±1℃，空气相对湿度为 90%，昼夜温度一般不超过 1℃，产品贮存在通风良好、清洁卫生的场所，离墙离地存放；不应与有毒、有害、有异味、易挥发、易腐蚀的物品同处贮存。冻兔肉在 -18℃以下贮存，保质期为 6～8 个月（表 8-1）；在 0℃～1℃贮存，保质期限为 7～10 天（见表 8-2）。冷库内温度升降幅度一般不得超过 1℃，如温度忽高忽低，易造成食品组织结构、蛋白质冻结变性，对食品外观、风味、营养、保存期等构成直接的影响。

表 8-1 兔肉与其他肉冻藏条件的比较

肉类别	冻结点（℃）	库温（℃）	空气相对湿度（%）	储藏期限（月）
兔 肉	-1.7	-23～-18	90～95	6～8
牛 肉	-1.7	-23～-18	90～95	9～12
猪 肉	-1.7	-23～-18	90～95	7～10
羊 肉	-1.7	-23～-18	90～95	8～11

表 8-2 兔肉与其他肉冻藏条件的比较

肉类别	冻结点（℃）	温度（℃）	空气相对湿度（%）	储藏期限
兔 肉	-1.7	0～1	90～95	7～10 天
牛 肉	-1.7	0～1	88～92	1～6 周
猪 肉	-1.7	0～1	85～90	3～7 天
羊 肉	-1.7	0～1	90～95	5～12 天

7. 运输过程影响因素 应使用符合食品卫生要求的专用冷藏车（船），不应与对产品产生不良影响的物品接触，避免在运输过程中

造成污染而影响产品品质。

（二）兔肉产品质量评定方法

1. 分级　按商品兔体重、胴体重分为 3 级。分等分级标准见表 8-3。

表 8-3　分等分级

项　目	指　标		
	一　级	二　级	次　级
体重（千克）	2.75～3.00	2.26～2.75	2.00～2.25
胴体重（千克）	≥ 1.43	1.15～1.43	≥ 0.96
膘　情	良　好	中　等	一　般

2. 兔肉感官指标　兔肉的感官检验是衡量兔肉产品质量的首重环节，通常用人的视觉、嗅觉、触觉等进行综合判定，是兔肉新鲜度检验的主要方法。《GB/T 17239-2008 鲜、冻兔肉》规定的兔肉感官指标见表 8-4。

表 8-4　鲜、冻兔肉感官指标

项　目	鲜兔肉	冻兔肉（解冻后）
色　泽	肌肉呈均匀的鲜红色，有光泽，脂肪呈乳白色或微黄色	肌肉呈均匀的鲜红色，有光泽，脂肪呈乳白色或微黄色
组织状态	有弹性，指压后凹陷立即恢复	肌肉致密，有坚实感
气　味	具有鲜兔肉正常气味，无异味	具有鲜兔肉正常气味，无异味
煮沸后肉汤	澄清透明，脂肪团聚于液面，有兔肉香味	基本澄清透明，脂肪团聚于表面，无异味
肉眼可见异物	不得检出	不得检出

3. 理化指标　《GB/T 17239-2008 鲜、冻兔肉》规定的兔肉理化指标见表 8-5。

表 8-5　兔肉理化指标

项　目	指　标
挥发性盐基氮（毫克/100 克）	≤ 15
四环素（毫克/千克）	≤ 0.1
氯霉素（毫克/千克）	不得检出
呋喃唑酮（毫克/千克）	不得检出
磺胺类（以磺胺类总量计，毫克/千克）	≤ 0.1
金霉素（毫克/千克）	≤ 0.1
土霉素（毫克/千克）	≤ 0.1
磺胺类（以磺胺类总量计，毫克/千克）	≤ 0.1

4. 重金属指标　《GB 2762-2012 食品中污染物限量》规定重金属指标应符合表 8-6 要求。

表 8-6　兔肉重金属指标

项　目	指　标
铅（毫克/千克）	≤ 0.2
镉（毫克/千克）	≤ 0.1
汞（毫克/千克）	≤ 0.05
砷（以 AS 计，毫克/千克）	≤ 0.5

5. 微生物指标　《GB/T 17239-2008 鲜、冻兔肉》规定兔肉的微生物指标见表 8-7。

表 8-7　兔肉微生物指标

项　目	指　标	
	鲜兔肉	冻兔肉
菌落总数（CFU/克）	≤ 1×10^4	≤ 5×10^5
大肠菌群（MPN/100 克）	≤ 1×10^3	≤ 5×10^3
沙门氏菌	不得检出	不得检出

四、影响兔肉价格的主要因素

引起兔肉价格波动的因素较多，既有国内市场和国际市场供求变化的影响，又有兔肉消费、市场体系和宏观调控等方面的因素。

（一）影响国际兔肉价格的主要因素

1. 主要出口国及消费国情况　中国、法国、意大利、西班牙等是主要生产国（地区）和出口国（地区），这些国家或地区的产量、出口量、价格及政策是影响国际兔肉市场价格的主要因素。欧盟、俄罗斯等国是全球主要兔肉消费国或进口国，这些国家的兔肉消费量、消费习惯、进口政策、本国产量等也是影响国际市场价格的主要因素。

2. 美元币值变化和全球经济增长情况对兔肉市场的影响　兔肉价格的走势除市场变化的影响外，还受美元币值的升降和全球经济增长快慢的影响。我国加入世界贸易组织（WTO）后由于关税的降低使得进口出现了大量的增长，加之市场需求旺盛，进一步带动了对进口商品的需求，在人民币汇率没有升值的情况下，贸易盈余出现减少的趋势就已经愈加明显。随着美国经济的复苏以及其他国家对汇率干预等一些因素的影响，如果美元出现一段时期的升值走势，将使人民币兑美元以外的其他货币被迫升值，那么势必会导致中国对包括美国在内等许多国家出口竞争力的下降及贸易逆差等情况的出现。如果人民币汇率升值，届时这种效应将成倍放大，从而对我国经济产生不良影响。随着人民币兑美元不断升值，我国农产品按照美元结算的价格不断上升。同时，我国粮食生产集约化程度低，生产成本高，使我国粮食在国际市场上的竞争力进一步下降。

3. 国际贸易壁垒对兔肉市场的影响　随着社会发展和进步，人们对食品安全越来越关注。世界上有些发达国家在国际贸易中以食品安全为借口，制定各种超越安全需要的食品安全生产检测技术标准，阻挡食品进入其国内市场，从而达到保护本国产品和市场的贸易保护措施，致使出口成本和提高技术难度增加，兔肉产品价格不稳定。

（二）影响国内兔肉价格的主要因素

一是饲料价格不断上涨，养殖利润空间越来越小。近年来，国家对粮食非常重视，粮食价格持续上涨，造成饲料原料如豆粕、草粉、玉米等的价格持续走高，成品饲料的价格也随之增长，养殖成本增加，使养殖利润越来越小，成为影响兔肉市场价格的主要因素。

二是獭兔皮价格的下滑促使一部分养兔户转产养殖肉兔，使肉兔出栏量增加，造成商品兔和兔肉产品价格下降。

三是目前国内肉兔养殖散户较多，养殖量大时，商品兔收购价格下跌，养殖户的积极性受到打击，直接导致养殖量骤减，货源减少，加工企业不能满负荷生产，产品销售受到影响，也影响企业品牌的建设，致使企业效益降低，形成恶性循环，对肉兔行业的发展极其不利。

四是受传统文化的影响，肉兔深加工企业少，内销市场不够大，大部分企业依靠出口，出口产品单一，主要以冻兔肉产品。一旦出口受阻，肉兔价格会骤然下降，从而也直接影响兔肉价格。

五是国内部分小作坊式加工企业，加工设备简单，生产成本低。以出口为主的加工企业，加工质量要求严格，检测费用和加工成本高，无法和小规模加工企业进行竞争，从而影响市场肉兔的价格。

六是实验用兔的不断出现，使活兔价格上升。近年来，国内生产药物的企业对实验兔的需求量逐年增加，从而抬高了肉兔的市场价格。

七是兔内脏产品逐步开发利用，生物制药厂家大量需求兔脾，使兔的综合利用价值升高，也是影响肉兔市场价格的主要因素。